绿手指玫瑰大师系列

轻松上手的 玫瑰月季 大师课

日本京成月季园 ◎主编

陶 旭 ◎译

长江出版传媒 ⓚ 湖北科学技术出版社

图书在版编目（CIP）数据

轻松上手的玫瑰月季大师课 / 日本京成月季园主编 ; 陶
旭译 . — 武汉 : 湖北科学技术出版社 , 2022.6

（绿手指玫瑰大师系列）

ISBN 978-7-5706-2009-8

Ⅰ . ①轻… Ⅱ . ②陶… Ⅲ . ①玫瑰花－观赏园艺
②月季－观赏园艺 Ⅳ . ① S685.12

中国版本图书馆 CIP 数据核字 (2022) 第 080256 号

作 者
日本京成月季园

日本京成月季园于 1959 年创立，
致力于将全世界的月季品种引入
日本。园内种植了 1600 种，共计
1 万株以上的月季。全园占地 3
万平方米，包含一个从春季到初
秋都不断有花可赏的月季展示园，
一个出售月季幼苗和其他植物的
园艺中心，以及餐厅、咖啡厅、
月季用品商店等，集观赏、购物、
餐饮等于一体，园内还经常举办
月季相关的研讨会等活动。

轻松上手的玫瑰月季大师课
QINGSONG SHANGSHOU DE MEIGUI YUEJI DASHIKE

责任编辑：张丽婷
封面设计：曾雅明
督　　印：刘春尧

出版发行：湖北科学技术出版社
地　　址：武汉市雄楚大街 268 号湖北出版文化城 B 座 13—14 层
电　　话：027-87679468　　　　　　　　邮　　编：430070
网　　址：http://www.hbstp.com.cn
印　　刷：湖北金港彩印有限公司　　　　邮　　编：430040
开　　本：889mm×1092mm　　　1/16　　印　　张：7.5
版　　次：2022 年 6 月第 1 版
印　　次：2022 年 6 月第 1 次印刷
字　　数：160 千字
定　　价：58.00 元

（本书如有印装质量问题，本社负责调换）

让月季花团锦簇，是所有园艺爱好者的共同心愿。

那么，能开出美花的月季植株到底是什么样的呢?

在植株的不同生长时期进行相应的养护管理，植株成熟后花朵自然就会开得惊艳喜人。

还要注意养护管理的时间和方法，过度养护也是不可取的。

这也许可以理解成呱呱坠地的婴儿需要历经幼儿期、青少年期才会长大成人的过程。

而培育月季，可以用长远点的眼光，在植株茁壮生长的过程中稍加助力即可。

这样，月季植株可以长得较结实，每年都能开出惊艳的美花来回报我们。

一起享受有月季相伴的日常吧!

目　录

6　在栽种之前先了解
　　月季的基础知识

12　推荐种植的 106 个
　　月季品种

12　杂交茶香月季
20　丰花月季
28　抗病性强的月季
32　藤本月季
38　微型月季
39　半藤本月季
42　古老月季

43 月季园专家传授
　最实用的栽培技巧

44　月季栽培基础知识

44　花苗的种类和挑选方法
46　种植所需的材料及工具
48　浇水
49　病虫害防治

52　盆栽月季的栽培要点

52　1 基质和花盆
54　2 定植
57　3 日常养护
58　4 全年管理

62　地栽灌木月季和半藤本月季的栽培要点

62　1 定植
66　2 3—9 月的养护工作
70　3 施肥
72　4 修剪

76　冬季修剪　以灌木月季和半藤本月季为例

82　藤本月季的栽培要点

82　1 挑选藤本月季品种
85　2 定植和生长过程中的养护
86　3 修剪与牵引

93　微型月季的栽培要点

93　1 挑选花苗和基质
93　2 定植
94　3 养护管理
95　4 修剪
96　5 扦插繁殖

97 让花园生活更加多姿多彩

——月季的搭配与应用

98 以花园中的自然花姿制作月季插花

100 月季与香草演绎出的柔美搭配

106 永葆美丽的月季永生花

112 可以充分享受月季芬芳的香氛花瓣与浴盐球

116 把月季的颜色留在草木染作品上

119 种植词汇简介

在栽种之前先了解
月季的基础知识

☻ 月季是蔷薇科蔷薇属植物

早春三月，月季植株孕育出成熟的花蕾，在舒展的枝条上开出花；晚秋时节则落叶进入休眠，待来年春季再次萌芽，四季循环往复。

当今常见栽培的园艺品种月季，大多是以200多个原种为基础反复改良选育而成的。各种花色、花形、香味的品种被陆续培育出来。而一些原种和古老的品种也颇受重视，得到充分保护。

☻ 玫瑰月季早在三千多年前就在世界各地被人工栽种，是有着悠久历史的花卉

从古代到中世纪时期的发展

玫瑰月季的历史源远流长，最早原生于小亚细亚半岛，中国西南部及日本等东亚地区。据说早在三千多年前，在美索不达米亚地区已经开始以药用为目的栽种玫瑰。其后玫瑰又被带到欧洲，对玫瑰的喜爱作为一种文化在古希腊和古罗马生根发芽。

11世纪末，因伊斯兰世界与欧洲的战争而出现大规模人口流动，在西亚及中东栽种的更多品种也随之传至欧洲。

在中世纪的欧洲，基督教占绝对主导地位，玫瑰因象征颓废和享乐，曾经一度让人敬而远之，但在14—16世纪，意大利掀起了文艺复兴运动，玫瑰成为贵族们的珍重之物，这个时期的很多名画中也出现了与玫瑰相关的主题。

'摩纳哥王子庆典'（上）和'历史'的花束（下）。

18—19世纪，玫瑰月季进入转变及发展期

18世纪，随着欧洲与东方的交易日趋繁盛，有四季开花属性的中国月季品种与欧洲月季品种的杂交育种也得到发展，培育出了尖瓣高心的花形、带有新的香味的品种，玫瑰月季迎来了一大转变时期。

在19世纪的法国，拿破仑的皇后约瑟芬成为助推玫瑰月季飞跃性发展的"功臣"。在她的推动下，相继育成了很多人工杂交新品种。

19世纪后期，现代月季诞生

世界上有多达200多个野生玫瑰月季品种，被分为了大马士革、白蔷薇、波旁、茶香等系列，这些品种统称"古老月季"。这些品种虽然有着各种各样的花形，但花色大多为白色或粉色，而且每年仅在春季开花。

1867年，由法国的吉洛家族经人工授粉育成的品种'法兰西'发布了，这是花形优美且四季开花的大花品种。'法兰西'是标志性的杂交茶香月季第1号品种，人们将其之前已有的品种称为"古老月季"，并将之后育成的品种称为"现代月季"，包括簇生中花的丰花月季及微型月季等。而后，很多具备华美、易栽种、抗病性强等属性的品种不断被培育出来，让人们可以欣赏到各种各样的美花。

最早育成的杂交茶香月季为粉色的'法兰西'，花形优雅且芳香迷人。

☺ **从历史背景来看，可大致分为原种、古老月季、现代月季**

月季自古颇受人们的喜爱，且不断有新品种面世。按照这些品种的原种系统来分类，可将月季分为如下几类。

原种[sp]

在北半球的温带到热带的广泛区域中自生。其中，原生野蔷薇主导了丰花月季品系，而光叶野蔷薇则给藤本月季品种带来了很大影响。这些原种大多为一季开花。

'罗莎'（犬蔷薇），结出可爱的红色果实。

古老月季

指1867年，杂交茶香月季'法兰西'育成之前已经开始栽种的品种，是亲本为原种的品种的总称。通常香味宜人，花姿优美，多为一季开花品种。

果实观赏性强的'塞美普莱纳'。

现代月季

月季'法兰西'之后育成的月季的总称。

杂交茶香月季[HT]

大花，四季开花，为现代月季的代表品系，不仅有着典型的月季花形，还有着丰富的花色。主要为单枝直立向上开花的形态。

散发馥郁香气的理想品种'比佛利'。

丰花月季[FL]

中花，四季开花。是由杂交茶香月季与小花簇生的月季品系杂交育成的。继承了簇生和四季开花的特性。为稍横向扩展的紧凑株型，兼具良好的坐花效果。

世界各地广受喜爱的著名品种'冰山'。

半藤本月季[S]

是介于灌木类型及藤本类型之间的半藤本类型。包括由现代月季、原种等各品系杂交育成的品种，也包括部分景观月季*。

呈现出柔和与曲线的'忧郁男孩'。

藤本月季[CL]

藤本月季，也称"攀缘月季"。是以起源于光叶蔷薇的品种经过各种杂交而育成的，包括一季开花和四季开花的品种，除细枝性一季开花的品种被归为蔓枝月季外，还有其他很多品系。

对黑斑病抗性很强的强健品种'艾拉绒球'。

微型月季[Min]

通常采用盆栽，株高50cm左右，花朵直径2～5cm的紧凑株型品种的总称。其中，株型较大的品种也称帕提欧月季。

'矮仙女09'既适合地栽也非常适于盆栽。

英国月季（欧洲月季）[ER]

英国月季不是植物学分类意义上的称呼，而是用来代指由英国月季育种家大卫·奥斯汀育出的一系列品种。这类品种不仅具有古老月季的花形和香味，还兼具现代月季的四季开花特性和颜色。

花姿优雅、广受欢迎的'安布里奇'。

---

* 景观月季（Landscape rose）：主要适用于公园或花园栽种，以养护简单且抗性强为目标而育成的品种群。

☺ 按照基本株型,可分为灌木、半藤本、藤本三类

选择月季时,特别是打算栽种在花园里时,株型大小是重要的考量因素。

灌木 丛生

无须支撑,单株即可长成郁郁葱葱的效果。包括单花的杂交茶香月季及簇生中花的丰花月季、微型月季等基本株型。从枝条的伸展方式划分,包括枝条垂直向上的直立型、枝条横向扩展的横展型,以及呈中间状态的半直立型和半横展型等类型。

照片中近处的丰花月季'琴音'为横展型灌木株型。

微型月季'泪珠',为紧凑的丛生横展株型。

灌木株型
枝条自然向上生长,无须支撑,从植株底部自然发出多根枝条。

笋枝(从表面伸出的长势旺盛的新枝)

半藤本

主要为半藤本月季。下半部分枝条直立,枝梢下垂呈柔和的弧形。古老月季、英国月季、部分景观月季都属于这种株型。包括一季开花、反复开花、四季开花的品种,株高也不同,可以根据喜好设计各种造型。既可以像藤本月季那样牵引造型,也可以不做牵引而呈自然向外垂下的半圆形。

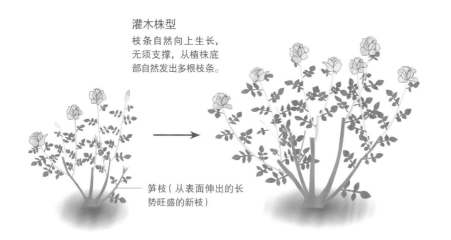

景观月季'粉红樱花'。

图中为粉色英国月季'玛丽·罗斯'攀爬在拱门上的效果。

藤本品种'春霞'是'夏雪'的枝变品种。这个品种坐花效果好，半日照条件下也能有很好的开花效果。

藤本

枝条呈藤蔓状伸展的月季的总称。除常见的藤本品种外，也包括半藤本类型中枝条呈藤蔓状的品种。有小花、中花、大花（四季开花、一季开花）品种，也包括株型较大、枝条柔软伸展的蔓枝品种（一季开花）等。可以通过牵引枝条完成较理想的造型效果。

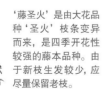

'藤圣火'是由大花品种'圣火'枝条变异而来，是四季开花性较强的藤本品种。由于新枝生发较少，应尽量保留老枝。

☺ 根据开花习性，可分为四季开花、反复开花、一季开花

不同系列及品种的月季，开花习性分别有四季开花、反复开花、一季开花等。

四季开花的品种在当年生长的新枝上坐花。杂交茶香月季和丰花月季等会在当年长出的枝条上坐花，花后再发出新的枝条并开花，如此反复。

反复开花则是指在春季的花期之后再不定期地开花。

一季开花是指仅在春季开一次花，大多在前一年长出的枝条上或是更早的老枝上开花。除中国古老月季外，大多数的古老月季和一季开花的藤本品种都基本不会在当年长出的新枝上开花。

一季开花的'不丹·纳尼瓦巴拉'每年会在新枝上开花。

四季开花的'皇家公主'，基本不会生发新枝，在老枝上多年开花。

根据花瓣的数量和形状，并结合开花形态进行分类

从花瓣的数量和形状、开花形态等角度，对花形有各种形容词。这些形容词虽然有一些区别，但并非严格的分类，经常可以见到用"圆瓣""高心"组合成"圆瓣高心形"来形容的方式。另外，有些品种开花后花形还会发生变化。

圆瓣高心
'丁香美人'

花瓣数量

单瓣

花瓣5枚，基本水平展开，这种特性常见于原种或小花品种上。

半重瓣

6～20枚花瓣松散重叠，花心可见。

重瓣

很多花瓣重叠在一起，非常紧实充盈。这是常见的月季形态，所以有些情况下也称"月季花形"。

花瓣形状

尖瓣（剑瓣）

花瓣形似剑尖，每片花瓣形状都非常规矩周正。一些品种的花瓣呈微尖或半尖形状，多见于现代月季。

圆瓣

花瓣边缘呈圆弧形，柔和，近年来越来越受到欢迎。

皱瓣

花瓣整体带有波状皱褶，富有轻盈卷曲的风情。精致的波浪感有着别致的装饰效果。

开花形态

高心

花朵中心内卷凸出，大多数现代月季是这种花形。

杯状

外侧花瓣向内自然弯曲，花的中心不高，呈杯状（碗状）。

莲座状

花瓣朝向花心逐渐变得纤细，并精致地重叠起来，姿态非常典雅华贵，多见于古老月季。

平开

花瓣数量少，不卷曲，几乎呈水平展开，这种花形让花蕊颜色成为点睛之笔。

绒球状

花瓣纤细密集，花朵呈蓬松的半球状，多见于微型月季。

7种主要香型

月季的花香主要分7种香型，既有奢华的大马士革古典香，也有甜美诱人的果香。但通常一个品种不是呈现单一的香型，而是两三种香型混合在一起。

'芳纯'

大马士革古典香

多见于古老月季及原种。香气浓烈，是古老月季的特有香味。

'伊芙·伯爵'

大马士革现代香

既传承了大马士革古典的香味，又呈现更考究的浓厚气息。

'阿尤米'

茶香

雅致清新的香味让人不禁联想起红茶。

'薰乃'
以柔和的大马士革现代香与茶香为主调。

'花音'

果香

呈现甜美诱人的成熟甜杏、桃子、苹果等的果香。

'蓝河'

蓝香

大马士革现代香与茶香融合，并带有柠檬皮的香气，非常独特。

'浜茄子'

香辛

大马士革古典的香气融合丁香的香气。

'安布里奇'

没药香

带有茴香的独特甜香气味。多见于英国月季。

☺ 月季喜光照充足、通风、排水良好的环境

月季喜欢光照充足、通风、排水良好的环境条件。在合适的环境中，月季能够健康生长，养护管理工作也会变得轻松。在栽种前，请根据花园的环境认真挑选种植地点吧！

花园中的植株保持一定的间距，且高低错落，保证了很好的通风效果。

即使是半日照条件下，开花效果也很棒！

① 光照

选择有充足光照的地点种植，至少要有半天日照。如果是每天只能晒到2～3小时太阳的地方，就要考虑盆栽，以便移动，确保有足够的光照时间，并注意选择耐受性较强的品种。

② 通风

最好选择通风良好且风不是特别大的位置种植。为了保证通风效果，植株之间要保持一定距离，且植株周围不要种植较高的宿根植物或树木等。即使在较开阔的地方种植，也要注意前后错开，避免重叠。

③ 土壤排水性

对于土壤排水性较差的花园，需要适当进行土壤改良。如果排水状况不佳，可能是由于地下水位较高或土壤为单粒结构造成的。对于月季来说，团粒结构的土壤是较合适的选择。团粒结构的土壤是由分解在土中的有机质将土壤粒子连接起来，并在保持适度间隙的状态下形成团聚体的土壤结构。由于团聚体之间富含丰富的空气和水分，可以达到让植物的根部既易于吸收水分又可以充分呼吸的效果。因此，在赤土、黑土等细小颗粒的土中掺入腐熟的堆肥、腐叶土及泥炭等有机物，就可以改良成栽种月季的理想土壤环境了。

☺ 种植月季的关键是要有效抑制病虫害的发生

种植过程中最关键的是有效控制病虫害，以培育健康强壮的植株。为此，需要选择良好的栽种环境，确保光照充足及通风良好。同时还要注意避免过度施肥和过度浇水，适当进行日常养护就可以最大限度有效抑制病虫害（详见第49页"病虫害防治"）。

随着不断改良，近年来市面上已经开始销售一些对黑斑病、白粉病抗病性强的品种，建议新手可以先从这些品种中挑选种植（详见28页"抗病性强的月季"）。

朝东的花园，只有上午有充足光照，月季依然可以生长良好。图中为藤本月季'洛可可'。

抗病性强、植株紧凑的丰花月季'汉斯·戈纳文'非常适合新手种植。

藤本月季'藤本笑脸'对黑斑病的抗性较强。

推荐种植的 106 个月季品种

接下来，将介绍 106 个易栽种、抗病性强的品种。

新手们可以参考形态特征和习性等信息来挑选适合的品种。

月季花枝各部分名称

- 花蕊
- 花瓣
- 花托
- 3片叶
- 1片叶
- 5片叶
- 芽
- 花枝（花茎）

◆花色会因气候及土壤条件等因素发生细微的变化。

◆花朵直径、株高为常规种植条件下的数值。

图标释义

	可用较小花盆种植（6～8号*盆）		可搭配花柱或宝塔形花架种植
	可搭配花格或栅栏种植		可利用墙面种植
	可搭配拱门种植		可在藤架处种植

·没有标注图标的品种不仅可以地栽，还可以用10号及以上的花盆栽种。

*通常用号来表示花盆大小，盆径每隔3cm为1个号，即6号盆的直径约为18cm。

杂交茶香月季 [HT] *Hybrid Tea Roses*

四季开花，开出直径10～15cm的大花。

这类月季香味浓郁的品种相比其他系列多，因此经常被委以花园主角的重任。

'绝顶' | *Tip'n Top*

可开出非常耐看的黄色大花。叶片表面毛较少，为带高贵光泽的亮叶。花香为带有柑橘类气息的香味。

○开花方式：四季开花	○花朵直径：8cm	○香味：中香
○花色：黄色	○株型：直立型	○育成地：德国
○花形：圆瓣杯状	○株高：0.8～1.2m	○发布年份：2015年

'爱你' | *Tiamo*

○开花方式：四季开花
○花色：红色
○花形：圆瓣平开
○花朵直径：8cm
○株型：半横展型
○株高：0.8～1m
○香味：微香
○育成地：德国
○发布年份：2016年

耐受性强的红色大花品种。圆瓣平开的花朵有时会呈簇状开放。叶片为抗病性强的亮叶。品种名源自意大利语的"我爱你"。

'爱的气息' | *Odeur d'Amour*

生长迅速的枝条上开出略带蓝色的深粉色花朵。香味迷人，带果香。多朵花成簇开放，坐花状况出色，夏季过后依然会反复开花。生长旺盛，会发出许多新枝。抗病性强、易养护，也可以作为小型藤本品种来造型。

○开花方式：四季开花　　○株高：1～1.6m
○花色：深粉色　　　　　○香味：浓香
○花形：圆瓣内包　　　　○育成地：德国
○花朵直径：8cm　　　　○发布年份：2018年
○株型：直立型

'未来香水' | *Future Perfume*

坐花状况好，可以多朵花成簇开放，散发高雅的大马士革香味，令人印象深刻。抗病性强，株型紧凑，也适合盆栽种植。

○开花方式：四季开花　　○花朵直径：8cm　　　○香味：浓香
○花色：粉色　　　　　　○株型：半横展型　　　○育成地：德国
○花形：半尖瓣莲座状　　○株高：0.8～1m　　　○发布年份：2019年

'吉卜赛灵魂' | *Gypsy Soul*

早花品种，春季坐花状况良好，初开时为典雅的紫红色月季花形，之后逐渐呈现粉色，全开时呈存在感十足的莲座状。花枝细长，夏季之外的季节会呈灌丛状伸展。

○开花方式：四季开花　　○花朵直径：10cm　　○香味：中香
○花色：紫红色　　　　　○株型：半直立型　　　○育成地：德国
○花形：半尖瓣高心莲座状　○株高：1.2～1.5m　○发布年份：2015年

'约翰·保罗二世' *Pope John Paul* Ⅱ

少见的花朵大小、花形等各方面都非常优秀的白花品种。坐花状况也很出色，1～5朵花成簇开放。即使在湿度较高的环境中花朵也可以保持良好姿态。生长旺盛，具一定抗病性。品种名源自第264任罗马天主教教皇。

○开花方式：四季开花
○花色：纯白色
○花形：半尖瓣高心
○花朵直径：11～13cm
○株型：直立型
○株高：1.5m
○香味：浓香
○育成地：美国
○发布年份：2008年

'安德烈·葛兰迪' *André Grandier*®

柔和的花色搭配蓬松大气的花形，十分美观。这是难得的坐花状况出色且对黑斑病抗性强的黄花品种，植株长势旺盛，较易种植。

○开花方式：四季开花
○花色：亮黄色，边缘奶白色
○花形：圆瓣平开
○花朵直径：10～12cm
○株型：半横展型
○株高：1.5m
○香味：微香
○育成地：法国
○发布年份：2011年

'快拳' *Kaikyo*®

○开花方式：四季开花
○花色：中心深边缘浅的奶黄色
○花形：莲座状
○花朵直径：10cm
○株型：半直立型
○株高：1.5m
○香味：浓香
○育成地：日本（京成月季园）
○发布年份：2011年

坐花状况出色，且单花花期长。枝条初期较细，之后会逐渐粗壮起来。花茎长，亦适合用于鲜切花。

'杏色糖果' | *Apricot Candy*

○开花方式：四季开花
○花色：杏色
○花形：半尖瓣高心
○花朵直径：8～11cm
○株型：半直立型
○株高：1.5m
○香味：中香
○育成地：法国
○发布年份：2007年

　　坐花状况出色，随着花朵逐渐开放，花瓣会渐渐打褶且散发芳香。这个品种对黑斑病、白粉病的抗性强，可以养得非常健康强壮。适合在花坛中种植。

'奥古斯塔·路易丝' | *Augusta Luise*

　　花瓣厚实且带有丰富的褶皱，彼此重叠，组合成犹如牡丹般的华美花朵。单花花期长。

○开花方式：四季开花	○花朵直径：11～13cm	○香味：中香
○花色：杏色至桃色	○株型：半横展型	○育成地：德国
○花形：莲座状	○株高：1～1.8m	○发布年份：1999年

'我的花园' | *My Garden*

　　植株生长旺盛，对黑斑病的抗性强。花瓣质感丝滑，花心附近略带杏色，颜色非常迷人。香味浓郁。

○开花方式：四季开花	○株型：半直立型	○育成地：法国
○花色：稍带杏色的奶粉色	○株高：1.8m	○发布年份：2008年
○花形：尖瓣高心或圆瓣内包	○香味：浓香	
○花朵直径：13～15cm		

'婚礼的钟声' | *Wedding Bells*

○开花方式：四季开花
○花色：浅粉色，边缘变深
○花形：圆瓣高心、外瓣尖瓣
○花朵直径：12～14cm
○株型：半横展型
○株高：1.5m
○香味：微香
○育成地：德国
○发布年份：2010年

　　近年少见的在紧凑的丛生植株上开出经典月季花形的品种。长势旺盛，会在强壮的枝条顶端开出大花，将植株养大后再让其开花效果会更好。如果是盆栽，需要选择较大的花盆。

'比佛利' | *Beverly*

花色为变化丰富的粉色，随着开花的进程，花朵逐渐呈圆瓣平开状。虽然通常不会成簇开花，但坐花状况和单花花期都很出色。散发独特的果香，蕴含柠檬、荔枝、水蜜桃的味道。耐热性、耐寒性、抗病性都非常优秀。

○开花方式：四季开花
○花色：粉色
○花形：尖瓣高心
○花朵直径：11 ~ 13cm
○株型：横展型
○株高：1.2 ~ 1.5m
○香味：浓香
○育成地：德国
○发布年份：2007年

'活力' | *A Live*

亮粉色的花朵散发带马鞭草、甜杏的鲜美芳香。抗病性突出，易养护，是多次获奖的优秀品种。

○开花方式：四季开花	○花朵直径：11 ~ 13cm	○香味：浓香
○花色：粉色	○株型：横展型	○育成地：法国
○花形：半尖瓣莲座状	○株高：1.5 ~ 1.8m	○发布年份：2007年

'伊芙·伯爵' | *Yves Piaget*

边缘呈波浪状的花瓣彼此紧实交叠在一起，呈现出像芍药一样的华美风情。初期生长缓慢，植株纤细，通过耐心养护会逐渐粗壮起来。馥郁的大马士革香也是这个品种颇受人喜爱的原因之一。

○开花方式：四季开花	○花朵直径：14cm	○香味：浓香
○花色：玫瑰粉	○株型：横展型	○育成地：法国
○花形：皱瓣芍药状	○株高：1m	○发布年份：1984年

'诉说' | *Parole*

花蕾又长又美，可以开出超大型的华美花朵。而其最大的魅力在于散发丰富的浓烈果香。如果重剪枝条的话会影响坐花，所以在剪残花和修剪枝条时应注意尽量轻剪。

○开花方式：四季开花
○花色：洋红色
○花形：尖瓣高心
○花朵直径：14 ~ 16cm
○株型：半横展型
○株高：1.3m
○香味：浓香
○育成地：德国
○发布年份：2001年

'热情' | *Netsujo*

在红色品种中属花色和花形都很出色的品种。从花蕾到全开的花朵都有别样的美感。枝条竖直向上伸展，单花花期长。

○开花方式：四季开花	○株型：直立型	○发布年份：1993年
○花色：艳红色	○株高：1.2 ~ 1.5m	
○花形：尖瓣高心	○香味：微香	
○花朵直径：11 ~ 12cm	○育成地：日本（京成月季园）	

'凡尔赛玫瑰' | *La Rose de Versailles*

花瓣如天鹅绒般柔滑，带有润泽光辉的红色大花品种。哪怕只有一朵，也能带来凛然的高贵华美感。对黑斑病、白粉病的抗性强，耐受性强，易打理。

○开花方式：四季开花	○花朵直径：13 ~ 14cm	○香味：微香
○花色：大红色	○株型：半直立型	○育成地：法国
○花形：尖瓣高心	○株高：1.6m	○发布年份：2012年

'瑞的眼泪' | *Rui no Namida*

奶白色基调上晕染着粉色的花瓣，形成蓬松柔美的花。花香为带有香辛味的果香。品种由日本的剧作家仓本聪命名，以电视剧《风之花园》中女主角的名字为灵感。对黑斑病和白粉病的抗性强。耐寒性强，可以适应寒冷的气候环境。

○开花方式：四季开花　　○花朵直径：10cm　　○香味：中香
○花色：奶白色渐变浅粉色　○株型：直立型　　　○育成地：德国
○花形：半尖瓣高心，花瓣带有缺口　○株高：1.5m　○发布年份：2008年

'和平' | *Peace*

习性强健，易种植，是十分有名的品种。因第二次世界大战后，人们对和平的深切渴望而得名。1976年入选世界月季联合会殿堂品种。

○开花方式：四季开花　　○花朵直径：14 ~ 16cm　○香味：微香
○花色：奶黄色带桃色镶边　○株型：横展型　　　　○育成地：法国
○花形：半尖瓣高心　　　○株高：1.2m　　　　　○发布年份：1945年

'丁香美人' | *Lilac Beauty*

○开花方式：四季开花
○花色：略带灰色的粉色
○花形：圆瓣高心
○花朵直径：10 ~ 12cm
○株型：直立型
○株高：1.5m
○香味：浓香
○育成地：法国
○发布年份：2005年

温柔的粉紫色花营造出非常雅致的风情。香味也非常出众，为浓浓的甜香混合柑橘香。对白粉病的抗性很强。

'微蓝' | *Kinda Blue*

大花成簇开放，非常震撼，带有淡淡的柔和茶香。花名源自其花色。对黑斑病、白粉病的抗性很强。

- ○开花方式：四季开花
- ○花色：薰衣草色
- ○花形：杯状
- ○花朵直径：9 ~ 11cm
- ○株型：半直立型
- ○株高：1.5m
- ○香味：中香
- ○育成地：德国
- ○发布年份：2010年

'诺瓦利斯' | *Novalis*

- ○开花方式：四季开花
- ○花色：薰衣草色
- ○花形：杯状
- ○花朵直径：9 ~ 11cm
- ○株型：半直立型
- ○株高：1.5m
- ○香味：中香
- ○育成地：德国
- ○发布年份：2010年

现今的蓝紫色系品种中耐受性和抗病性最强的品种。花名是18世纪被誉为"蓝花诗人"的德国作家的名字。花瓣数量多、开花状况好，对黑斑病及白粉病的抗性特别强，也非常耐寒。带有柔和的茶香。

'狄安娜伯爵夫人' | *Gräfin Diana*

这是花色、香味、抗病性都很出色的品种。花色在开放过程中逐渐变化。香味既有柠檬的清爽香味又有桃子、荔枝的甜香，芬芳迷人。花瓣厚实，单花花期长，花枝粗壮。对黑斑病和白粉病的抗性强。

- ○开花方式：四季开花
- ○花色：酒红色
- ○花形：半尖瓣
- ○花朵直径：11cm
- ○株型：横展型
- ○株高：1.2 ~ 1.5m
- ○香味：中香
- ○育成地：德国
- ○发布年份：2012年

丰花月季 [FL]

四季开花，花朵多为直径5～10cm的中型花。
这个系列的品种大多成簇开花，且可不断开花，单花花期也较长。

'公主面纱' | *Princess Veil®*

有着芬芳的果香和渐变的浅粉色花朵的品种。株型紧凑，可以打造出很规整的效果，所以也适于盆栽种植。四季开花性强，盛夏之后也可以反复开花。抗病性强，耐受性强，易种植。

○开花方式：四季开花
○花色：粉色
○花形：圆瓣莲座状
○花朵直径：8cm
○株型：半直立型
○株高：0.8m
○香味：浓香
○育成地：德国
○发布年份：2011年

'红宝石嘉年华' | *Ruby Flower Carnival*

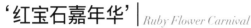

坐花状况非常出色，鲜艳的花朵如花束般成簇开放，令人过目不忘。花瓣质地厚实，单花花期长，不易结果，可以从春季到秋季长时间反复开花。叶片繁茂光亮。对黑斑病和白粉病的抗性很强。植株较大，可以打理成比较规整的株型。

○开花方式：四季开花
○花色：深红色
○花形：半尖瓣莲座状
○花朵直径：6～7cm
○株型：半横展型
○株高：1.3m
○香味：微香
○育成地：德国
○发布年份：2012年

'柠檬汽水' | *Lemon Fizz*

不易褪色的黄花品种，一边开花一边长出新的枝条。易结果，虽然在结果的状态下也可以持续开花，但剪除果实有利于营造更好的开花状态。抗病性强，残花可自然掉落（自清理），节省养护工作。可与宿根植物混栽，或用于景观造景。

○开花方式：四季开花	○株型：半横展型	○发布年份：2012年
○花色：黄色	○株高：0.8m	
○花形：圆瓣平开	○香味：微香	
○花朵直径：7 ~ 8cm	○育成地：德国	

'完美甜莓' | *Plum Perfect*®

○开花方式：四季开花
○花色：蓝紫色
○花形：圆瓣莲座状
○花朵直径：7 ~ 8cm
○株型：半直立型
○株高：1.2 ~ 1.5m
○香味：微香
○育成地：德国
○发布年份：2009年

非常浓重的蓝紫色，即使距离很远也颇为醒目，令人过目不忘。不易结果，可以反复开出美花。花瓣在气温较高时也可保持美丽的花色，不出现焦边现象。虽然叶片繁茂、长势强劲，但不会长得过大，可盆栽，且抗病性也很强。

'玛丽·安托瓦内特' | *Marie Antoinette*

精致的花色显得非常雅致，气质高贵，这是为致敬法国王妃玛丽·安托瓦内特而育成的品种。每簇开五六朵花，有着香辛气息。植株紧凑，枝条较细，习性强健。抗病性很强，新手也能轻松种植。

○开花方式：四季开花　○株高：1m
○花色：象牙色至淡黄色　○香味：中香
○花形：杯状　○育成地：德国
○花朵直径：8 ~ 10cm　○发布年份：2003年
○株型：半横展型

'北极星阿尔法' | *Polaris ♂*

○开花方式：四季开花
○花色：明黄色
○花形：圆瓣莲座状
○花朵直径：8cm
○株型：半横展型
○株高：0.8m
○香味：中香
○育成地：德国
○发布年份：2015年

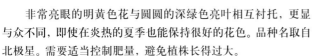

非常亮眼的明黄色花与圆圆的深绿色亮叶相互衬托，更显与众不同，即使在炎热的夏季也能保持很好的花色。品种名取自北极星。需要适当控制肥量，避免植株长得过大。

'浪漫贝尔' | *Belle Romantica*®

○开花方式：四季开花
○花色：深黄色
○花形：杯状
○花朵直径：6～7cm
○株型：直立型
○株高：1.8m
○香味：中香
○育成地：法国
○发布年份：2009年

深黄色的小花仿佛一串串铃铛，为庭院添彩。叶片为浅绿色，与黄色花朵形成柔和的对比。植株习性强健、易种植，长势出色，枝条呈灌丛状伸展，也可以作为藤本月季来造型。

'金莲步' | *Kinrenpo*

5～30朵皱瓣的黄色花朵像花束一样成簇开放，并会陆续开出新的花。花蕊呈美丽的金色，结出的果实也很有观赏价值。早花品种，对黑斑病和白粉病的抗性强。品种名源自中国，有"美人娇艳步态"之意。

○开花方式：四季开花　　○香味：微香
○花色：黄色至浅黄色　　○育成地：日本（京成
○花形：半重瓣　　　　　　　　　月季园）
○花朵直径：7～8cm　　○发布年份：2007年
○株型：横展型
○株高：1.6～1.7m

'花园玫瑰' | *Garden of Roses*

浅杏色花朵随着开放逐渐变为乳粉色。在非常紧凑的植株上反复开出美花，秋季坐花状况也非常出色，适合盆栽或作花坛镶边装饰。抗病性强且刺少。

○开花方式：四季开花　○花朵直径：8 ~ 10cm　○香味：中香
○花色：浅杏色至乳粉色　○株型：半横展型　○育成地：德国
○花形：莲座状　○株高：1m　○发布年份：2007年

'童话魔法' | *Märchenzauber*

○开花方式：四季开花
○花色：柔和的杏粉色
○花形：圆瓣杯状至莲座状
○花朵直径：8 ~ 10cm
○株型：横展型
○株高：1 ~ 1.2m
○香味：中香
○育成地：德国
○发布年份：2015年

不用太多养护就能反复开出魅力十足的花。不易结果，即使不剪残花也能陆续开花。对黑斑病和白粉病的抗性非常强，散发香草般香甜的味道。

'罗莎莉·拉莫利埃' | *Rosalie Lamorliere*

坐花状况非常出众，像一大捧花束一样成簇开放。株型紧凑，也很适合盆栽。抗病性优异，习性强健，易养护，新手也可以轻松种植。

○开花方式：四季开花　○花朵直径：5 ~ 6cm　○香味：微香
○花色：樱粉色　○株型：半横展型　○育成地：法国
○花形：莲座状　○株高：0.8 ~ 1m　○发布年份：2014年

'康斯坦茨·莫扎特' | *Constanze Mozart*

色彩柔和的中大型花，5朵左右成簇开放。对黑斑病及白粉病的抗性强，耐热性强，易种植。散发柔和的果香，非常怡人。

○开花方式：四季开花　○花朵直径：8 ~ 10cm　○香味：中香
○花色：灰粉色至乳粉色　○株型：半横展型　○育成地：德国
○花形：半尖瓣至四分莲座状　○株高：1.3m　○发布年份：2012年

'花烛灯' | *Hanabonbori*

　　浅粉色中型花，坐花状况出色且枝条刺较少。植株直立伸展，株型可以打理得比较紧凑，所以也适于栽种在花坛中或盆栽。花香清爽怡人，具有茶香、蜜糖、香辛等丰富层次。

○开花方式：四季开花　○花朵直径：8cm　○香味：中香
○花色：柔和粉色　○株型：直立型　○育成地：日本（京成月季园）
○花形：半尖瓣重瓣　○株高：1.2m　○发布年份：2011年

'小特里阿农' | *Petit Trianon*

　　这是以深受法国王妃玛丽·安托瓦内特喜爱的小特里阿农城堡命名的优美品种。花瓣精致优美，叶片带有光泽。植株长得较强壮后三四朵花成簇开放，颇具魅力。对黑斑病、白粉病的抗性强。

○开花方式：四季开花　○花朵直径：9～11cm　○香味：微香
○花色：亮粉色　○株型：半直立型　○育成地：法国
○花形：圆瓣莲座状　○株高：1.2m　○发布年份：2006年

'兰花浪漫' | *Orchid Romance*

　　略带蓝调的粉色花，带有古老月季的气质。对黑斑病和白粉病的抗性强，是株型紧凑且耐热性强的品种。花朵具新鲜柑橘的香味。

○开花方式：四季开花　○株高：1.2m
○花色：略带蓝色的粉色　○香味：浓香
○花形：杯状至莲座状　○育成地：法国
○花朵直径：10cm　○发布年份：2011年
○株型：半横展型

'结爱' | *Yua*

○开花方式：四季开花
○花色：灰粉色
○花形：尖瓣高心
○花朵直径：9cm
○株型：直立型
○株高：1m
○香味：浓香
○育成地：日本（京成月季园）
○发布年份：2011年

花瓣数量多，初为典雅的尖瓣高心花形，后期变成可爱的绒球形。坐花状况出色，花香浓烈。直立型植株较纤细、紧凑，也适合盆栽。

'芭兰多' | *Bailando*

圆滚滚的粉色小花成簇争相开放，十分迷人。秋季开花状况也很好，且株型较紧凑，也适合盆栽。

○开花方式：四季开花　○花朵直径：6cm　　○香味：微香
○花色：略带杏色的粉色　○株型：横展型　　○育成地：德国
○花形：杯状　　　　　○株高：1m　　　　○发布年份：2008年

'时尚达人' | *Fashionista*

○开花方式：四季开花
○花色：胭脂红色
○花形：平开
○花朵直径：8cm
○株型：半横展型
○株高：0.8m
○香味：微香
○育成地：英国
○发布年份：2015年

非常抢眼的时尚亮色品种。坐花状况良好，一簇可开出多朵花来。株型紧凑，也适合盆栽。对黑斑病、白粉病的抗性强。

'深波尔多' | *Deep Bordeaux*

抗病性、耐寒性强，有着清爽的芳香气味。坐花状况出色，可以反复开花。花瓣质地强韧，可以维持很长时间的优美花姿。

○开花方式：四季开花　○花朵直径：8～10cm　○香味：中香
○花色：深红色　　　　○株型：直立型　　　○育成地：德国
○花形：圆瓣莲座状　　○株高：1.5～1.8m　○发布年份：2014年

'格莱特' | *Gretel*

可一边开花一边长出新枝，陆续开出可爱的渐变色花朵。植株易打理，株型比较紧凑，残花通常可自清理，不易结出果实。对黑斑病、白粉病的抗性也较强。品种名来自格林童话。

○开花方式：四季开花 ○株高：0.7m
○花色：奶白底色配鲜粉色 ○香味：微香
○花形：半重瓣 ○育成地：德国
○花朵直径：7 ~ 8cm ○发布年份：2014年
○株型：半横展型

'岳之梦' | *Gaku no Yume*

每簇至少有10个花蕾，犹如天然的花束。表面鲜红色、背面白色的双色花瓣十分吸睛。对黑斑病及白粉病的抗性强，株型紧凑简约。

○开花方式：四季开花 ○花朵直径：4 ~ 5cm ○香味：微香
○花色：内红外白 ○株型：半横展型 ○育成地：德国
○花形：圆瓣高心 ○株高：1 ~ 1.2m ○发布年份：2011年

'摩纳哥王子庆典' | *Jubilé du Prince de Monaco*

花色从白色渐变为鲜红色，艳丽夺目。红、白两色是摩纳哥公国国旗的颜色，因此在已故摩纳哥公国亲王雷尼尔三世即位50周年庆典上，此花曾作为献礼品种使用。生长旺盛，易养护。

○开花方式：四季开花 ○花朵直径：9 ~ 10cm ○香味：微香
○花色：白色渐变为鲜红 ○株型：半横展型 ○育成地：法国
○花形：尖瓣平开 ○株高：0.8 ~ 1.3m ○发布年份：2000年

'加油' | *toi toi toi!*

　　红色与黄色交织的明艳花朵，黄色部分会随着开花慢慢变白。耐寒性强，也具备一定的耐热性。对黑斑病、白粉病的抗性强。

○开花方式：四季开花
○花色：红色、浅黄色带白色条纹
○花形：重瓣
○花朵直径：7～8cm
○株型：直立型
○株高：1.6m
○香味：微香
○育成地：德国
○发布年份：2014年

'芬芳空气' | *Scented Air*

　　皱边的花瓣组成的花朵绽放时为周围带来浓郁芬芳。花枝上刺较少，易打理。叶片为深绿色亮叶。对黑斑病的抗性强。

○开花方式：四季开花
○花色：稍带红色的薰衣草粉色
○花形：皱瓣莲座状
○花朵直径：9cm
○株型：直立型
○株高：1.5m
○香味：浓香
○育成地：荷兰
○发布年份：2010年

'暗恋的心' | *Shinoburedo*

　　略带蓝色调的浅紫色花朵姿态优雅，充满日式风情。四五朵大花成簇开放，开满整个植株。由于秋季坐花较少，所以夏季疏枝时应轻剪。

○开花方式：四季开花
○花色：浅蓝紫色
○花形：圆瓣
○花朵直径：8～9cm
○株型：直立型
○株高：1.2m
○香味：中香
○育成地：日本（京成月季园）
○发布年份：2006年

抗病性强的月季

京成月季园精选一组抗病性突出、株型紧凑适合盆栽的品种，归入"芙拉里露台"系列。这些品种的植株不会长得过大，又都具四季开花性，可以反复开花，魅力十足，非常适合种在露台花园或在小空间盆栽种植。

推荐种植的106个月季品种

'波列罗舞' | *Bolero* [FL]

柔软蓬松的花瓣重叠在一起，十分精致。花朵散发出热带水果般的芳香气息，株型紧凑规整。春季头茬花的中心略带粉色，非常可人。在早晚温差大的初秋时节，中心的粉色会更加明显，抗病性非常强。

- ○开花方式：四季开花
- ○花色：纯白色，中心极浅的粉色
- ○花形：莲座状
- ○花朵直径：10cm
- ○株型：半横展型
- ○株高：0.8m
- ○香味：浓香
- ○育成地：法国
- ○发布年份：2004年

'日光倾城' | *Rayon de Soleil* [FL]

明黄色花朵成簇开放，不易结果，不剪掉残花也可陆续开花。在抗病性较差的黄色系月季中，这是兼具抗病性和耐寒性的强健品种。直立株型，刺少，也适合盆栽种植。

- ○开花方式：四季开花
- ○花色：黄色
- ○花形：圆瓣平开
- ○花朵直径：5～7cm
- ○株型：半横展型
- ○株高：1m
- ○香味：微香
- ○育成地：法国
- ○发布年份：2015年

'福禄考宝贝' | *Phloxy Baby* [S]

坐花状况非常出色，即使不剪残花也会像野蔷薇一样反复开出可爱的小花。结出的小果实颜色可爱，既不影响植株生长，还可观赏。对黑斑病和白粉病的抗性都非常强。株型规整，无论是用于景观装饰还是盆栽都非常适合。

○开花方式：四季开花　　○花朵直径：2cm　　　　○香味：微香
○花色：粉瓣白底　　　　○株型：紧凑灌丛　　　○育成地：美国
○花形：圆瓣单瓣　　　　○株高：0.5～0.7m　　○发布年份：2013年

'拉里萨阳台' | *Larissa Balconia* [FL]

○开花方式：四季开花
○花色：中心较深的樱粉色
○花形：圆瓣莲座状
○花朵直径：8～10cm
○株型：半横展型
○株高：0.6m
○香味：微香
○育成地：德国
○发布年份：2014年

樱粉色的中型花成簇开放，花量繁多，甚至会压弯枝条。株型紧凑规整，也适合盆栽种植。对黑斑病及白粉病的抗性非常强。

盆栽月季可以这样放

"芙拉里露台"系列最大的魅力在于抗病性强，没有经验的新手也可以轻松栽种。而且这些品种的株型比较紧凑，不会长得特别大，即使没有很大的花园，也可以栽种。此外，盆栽的月季还可以装点阳台及门廊等较小的空间。

'斯蒂芬·古滕伯格' | *Stephanie Guttenberg* [FL]

可开出很多色彩柔和的蓬松大花。不仅对黑斑病、白粉病的抗性强，且有一定的耐寒性。坐花状况出色且单花花期长，约5朵花成簇开放。枝条虽然呈横展型，但整体株型紧凑，也可以盆栽，非常适合新手栽种。

○开花方式：四季开花
○花色：象牙白色，中心柔粉色
○花形：杯状
○花朵直径：10cm   ○香味：中香
○株型：横展型   ○育成地：德国
○株高：0.8m   ○发布年份：2011年

'猩红伯尼卡' | *Scarlet Bonica®* [FL]

花朵非常耐看，开出许多花后也不会影响植株长势。一边开花一边长出新的枝条，不断反复开花。株型紧凑且抗病性强，基本不用打理就可以不断开花，十分适合新手种植。

○开花方式：四季开花   ○花朵直径：7cm   ○香味：微香
○花色：绯红色   ○株型：半横展型   ○育成地：法国
○花形：圆瓣平开   ○株高：0.7m   ○发布年份：2015年

'樱桃伯尼卡' | *Cherry Bonica®* [FL]

与'猩红伯尼卡'相同，都是非常易养护的品种。圆滚滚的花朵呈杯状开放，即使不剪残花也可以反复开花。植株繁茂但规整，不会疯长。对白粉病及黑斑病的抗性强。

○开花方式：四季开花   ○花朵直径：7cm   ○香味：微香
○花色：红色至玫红色   ○株型：横展型   ○育成地：法国
○花形：杯状   ○株高：0.7m   ○发布年份：2013年

'帕什米纳' | *Pashmina*® [FL]

杯状小花成簇开放，圆润可爱。单花花期长且株型紧凑，可以盆栽。对黑斑病、白粉病的抗性强。

○开花方式：四季开花　○株型：半直立型
○花色：白中带绿，中　○株高：1m
　　心浅粉色　　　　　○香味：微香
○花形：杯状至莲座状　○育成地：德国
○花朵直径：5cm　　　○发布年份：2008年

'杜埃特阳台' | *Duett Balconia* [FL]

○开花方式：四季开花
○花色：白底红边
○花形：尖瓣高心
○花朵直径：7cm
○株型：半横展型
○株高：0.6m
○香味：微香
○育成地：德国
○发布年份：2017年

从含苞待放到花瓣完全展开，可以欣赏到花色由白渐渐转红的过程。尖瓣高心的花朵成簇开放，单花花期很长。对黑斑病和白粉病的抗性强。开花时散发淡淡的茶香。

'粉红樱花' | *Pink Sakurina* [S]

花瓣呈心形，非常像樱花，略带粉色的花瓣搭配粉色花蕊，很是迷人。通常单簇可坐花15朵左右，并会陆续开出新的花。叶片光亮，对黑斑病的抗性强。

○开花方式：四季开花　○花朵直径：8cm　　○香味：微香
○花色：粉色　　　　　○株型：横展型　　　○育成地：法国
○花形：单瓣　　　　　○株高：0.8～1m　　○发布年份：2006年

藤本月季 [CL]

藤本月季的最大魅力是可以充分利用空间，演绎精彩的立体景观。
其中很多是习性强健的品种，无须太多养护便可开出很多美花，新手也可以轻松种植。

'光芒' | *Illuminare*

柔和的亮黄色大花成簇开放。抗病性优异，非常易种植。

○开花方式：反复开花
○花色：黄色
○花形：圆瓣平开
○花朵直径：10cm
○延展：1.8m
○香味：微香
○育成地：德国
○发布年份：2016年

'樱衣' | *Sakuragoromo*

春季的坐花状况非常出色，很短的枝条也可以坐花，即使直立牵引也可以正常开花。开花时花朵多到可以覆盖整棵植株，仿佛披上一件樱花色的外衣，因而得名。

○开花方式：反复开花　　○延展：2m
○花色：粉色　　　　　　○香味：微香
○花形：莲座状　　　　　○育成地：日本（京成月季园）
○花朵直径：7cm　　　　○发布年份：2019年

'桂香茶' | *Cinnamon Chai*

奶黄色略带桃橙色的花朵成簇开放。植株强壮时可以开出分量感十足的莲座状花。对黑斑病及白粉病的抗性强。柔和的茶香也非常怡人。

○开花方式：反复开花
○花色：略带橙色的黄色
○花形：圆瓣莲座状
○花朵直径：8～10cm
○延展：1.8m
○香味：中香
○育成地：英国
○发布年份：2018年

'橘园' | *Orangerie*

令人过目不忘的橙色花单朵或多朵成簇开放。虽然受冻后枝条上会留有黑色瘢痕，但对生长没有明显影响。长势较旺盛，刚定植的几年里会发出很多新枝，但几年后就很难发出新枝，应尽量保留老枝。属抗病性强、易种植的品种。

○开花方式：反复开花
○花色：深橙色
○花形：圆瓣莲座状
○花朵直径：8～10cm
○延展：2～2.5m
○香味：微香
○育成地：德国
○发布年份：2015年

'天狼星' | *Sirius*

○开花方式：反复开花
○花色：浅桃色至白色
　（低温期中心
　带粉色）
○花形：圆瓣平开
○花朵直径：6～8cm
○延展：2～2.5m
○香味：微香
○育成地：德国
○发布年份：2013年

　　颜色柔和的花朵像花束一样呈球状开放。开花的时间较晚，但每个枝梢上都有7～10朵花成簇开放。坐花状况和单花花期都很出色。绿色的叶片非常漂亮。对黑斑病及白粉病的抗性强，耐寒性和耐热性都很强。

'永久腮红' | *Perennial Blush*

　　花穗较长，20朵小花陆续开放。枝条较细软，便于牵引。叶片小，数量多。抗风性强，可以牵引在拱门或较高的栅栏上造型。对白粉病和黑斑病的抗性超强，是非常易种植的品种。

○开花方式：四季开花　　○花朵直径：3～4cm　　○育成地：英国
○花色：白色至浅粉色　　○延展：2.5m　　　　　○发布年份：2009年
○花形：圆瓣平开　　　　○香味：微香

'永恒蓝调' | *Perennial Blue*®

　　迷人的小花成簇开放，形成密实的绒球状。坐花状况和单花花期都非常出色。刚定植时夏季基本不开花，但植株强壮后秋季的开花状况非常喜人。散发铃兰、茉莉花般的清爽芳香。抗病性非常强，但夏季需要注意防治叶螨。

○开花方式：反复开花
○花色：深紫色，中心白色至浅粉紫色
○花形：圆瓣平开
○花朵直径：3～4cm
○延展：2.5m
○香味：中香
○育成地：英国
○发布年份：2008年

'阿尔特弥斯' | *Artemis*

○开花方式：四季开花
○花色：奶白色
○花形：杯状或平开
○花朵直径：6cm
○延展：1.8m
○香味：中香
○育成地：德国
○发布年份：2009年

花较小，3~5朵成簇开放，散发柔和的芳香。花形和叶片带有古老月季的魅力，但习性更为强健。对黑斑病、白粉病的抗性强。

'夏日回忆' | *Summer Memories*

开出有光泽并颇具质感的莲座状白色美花。秋季花朵更大，呈蓬松内包的杯状花形。植株初期生长缓慢，但待生长强壮后枝条就会充分伸展。叶片为深绿色的亮叶。对黑斑病的抗性强。

○开花方式：四季开花　　○花形：莲座状　　　　○香味：微香
○花色：带有光泽的乳　　○花朵直径：8~10cm　○育成地：德国
　　　白色　　　　　　　○延展：2m　　　　　○发布年份：2004年

'藤本笑脸' | *Cl. Smiley Face*

○开花方式：反复开花
○花色：柠檬黄色
○花形：圆瓣平开
○花朵直径：10cm
○延展：3m
○香味：微香
○育成地：法国
○发布年份：2011年

花朵中心为明黄色，外缘为浅黄色。叶片有一定厚度，枝条呈棕色且较坚韧。可以牵引在拱门或栅栏上完成各种造型，对黑斑病的抗性强，适合新手种植。

'追星者' | *Star Chaser*

○开花方式：四季开花
○花色：带有橙色的黄色
○花形：半尖瓣高心
○花朵直径：8~10cm
○延展：2~3m
○香味：微香
○育成地：英国
○发布年份：2011年

坐花状况出色，单花花期长，可开出非常耐看的大花，即使淋雨花瓣也不容易受损。叶片为美丽的深绿色，枝条粗壮。对黑斑病有很强的抵抗力，新手也能轻松打理。

'灯柱' | *Luminous Pillar*

- ○开花方式：反复开花
- ○花色：白色，中心珍珠粉色
- ○花形：半尖瓣至莲座状
- ○花朵直径：10cm
- ○延展：2～3m
- ○香味：中香
- ○育成地：英国
- ○发布年份：2016年

　　抗病性优异，香味和观赏性兼备。开花时从半尖瓣的传统月季花形逐渐转变为分量感十足的莲座状。枝条坚韧，即使垂直向上牵引也可以从植株底部到枝梢都坐花，开花效果惊人。

'克里斯蒂娜' | *Christiana*

- ○开花方式：四季开花
- ○花色：纯白色，中心柔粉色
- ○花形：杯状
- ○花朵直径：8cm
- ○延展：1.8～2m
- ○香味：浓香
- ○育成地：德国
- ○发布年份：2013年

　　优雅的杯状花成簇开放，浪漫十足。花朵散发的香甜气息让人不禁联想起柠檬和香槟。枝条少刺，对黑斑病和白粉病的抗性强，特别推荐新手种植。

'天使之心' | *Angel Heart*

- ○开花方式：四季开花
- ○花色：浅珍珠粉
- ○花形：莲座状
- ○花朵直径：7～8cm
- ○延展：2m
- ○香味：中香
- ○育成地：英国
- ○发布年份：2013年

　　花色柔和，花瓣质地强韧，淋雨也不易受损。花朵中心的粉色花蕊尤为可爱。花量很大，一根枝条上6～10朵花成簇开放。香味清爽怡人，对黑斑病、白粉病的抗性很强。

'科隆百花园' | *Kölner Flora*

- ○开花方式：反复开花
- ○花色：珊瑚粉
- ○花形：圆瓣杯状
- ○花朵直径：8～10cm
- ○延展：2～3m
- ○香味：浓香
- ○育成地：德国
- ○发布年份：2014年

　　四季开花品种，珊瑚粉色的华美大花呈内包状开放。散发出带有没药香的甜美香味，令人心旷神怡。枝条少刺，易打理。对黑斑病、白粉病的抗性强。

'玛丽·亨丽埃特' | *Marie Henriette*

○开花方式：四季开花
○花色：粉色
○花形：四分莲座状
○花朵直径：9 ~ 10cm
○延展：2 ~ 2.5m
○香味：浓香
○育成地：德国
○发布年份：2013年

　　抗病性和耐寒性都非常强。即使垂直牵引也可以从植株底部到枝梢开满分量感十足的花朵，颇具魅力。花香初以香辛味为主，而后逐渐变化为果香。

'亚丝米娜' | *Jasmina*

　　花瓣呈心形，8~10朵花成簇开放，花朵略低垂，牵引在拱门上时，非常适合抬头观赏。对白粉病的抗性很强。

○开花方式：反复开花　　○花朵直径：6 ~ 7cm　　○育成地：德国
○花色：粉色，中心深粉色　○延展：2 ~ 3m　　　　○发布年份：2005年
○花形：四分莲座状　　　○香味：微香

'灰姑娘' | *Cinderella*

○开花方式：四季开花
○花色：柔粉色
○花形：圆瓣四分莲座状
○花朵直径：8 ~ 10cm
○延展：2 ~ 3m
○香味：微香
○育成地：德国
○发布年份：2003年

　　花朵具有古老月季的浪漫风情，4~6朵成簇开放。带有光泽的深绿色叶片和可爱的果实颇具魅力，而且对黑斑病的抗性很强。即使不弯曲枝条也可以从植株底部开始开花，可以不拘泥于造型方式，随心所欲设计。

'痴情' | *Lovestruck*

○开花方式：四季开花
○花色：玫红色
○花形：圆瓣高心或圆瓣平开
○花朵直径：10cm
○延展：2 ~ 2.5m
○香味：中香
○育成地：英国
○发布年份：2017年

　　坐花状况出色且单花花期长的四季开花藤本品种，花色为鲜艳的玫红色。对黑斑病、白粉病的抗性强。枝条呈灌丛状伸展，可长成很大的植株，所以建议呈放射状牵引在围栏上，或以自然姿态养成较大的灌丛效果。

'艾拉绒球' | *Pomponella*

○开花方式：四季开花　○延展：2m
○花色：深桃粉色　○香味：微香
○花形：杯状　○育成地：德国
○花朵直径：5～6cm　○发布年份：2005年

　　圆滚滚的花蕾绽放后呈深杯状，10～15朵花成簇开放。隐约透着怀旧气质的花朵散发出淡淡的苹果清香。花期较晚，但可以反复开花。对黑斑病的抗性很强。

'弗洛伦蒂娜' | *Florentina*®

○开花方式：反复开花
○花色：深红色
○花形：圆瓣杯状
○花朵直径：7～9cm
○延展：2～2.5m
○香味：微香
○育成地：德国
○发布年份：2011年

　　坐花状况出色、单花花期长，一根枝条上可开出多朵花，枝条垂直向上牵引也可以从植株底部开始开花，可以设计成较大的造型。习性强健，对黑斑病、白粉病的抗性非常强，易种植。老枝也可不断开花。

'浪漫艾米' | *Amie Romantica*®

○开花方式：四季开花
○花色：白底带粉色，外侧花瓣白色
○花形：浅杯状
○花朵直径：7～8cm
○延展：2m
○香味：中香
○育成地：法国
○发布年份：2010年

　　花朵初开的时候圆润，之后不断蓬松舒展。即使垂直牵引也可以开出3～5朵一簇的花朵，从植株底部到枝梢都可开满美花。单花花期长，花朵散发淡淡的茶香，抗病性强。

'香草草莓' | *Framboise Vanille*

○开花方式：反复开花
○花色：玫红色带粉色条纹
○花形：圆瓣莲座状
○花朵直径：9～11cm
○延展：2.5～3m
○香味：微香
○育成地：法国
○发布年份：2010年

　　坐花状况出色，从植株底部开始开出很多花。带粉色条纹的花朵十分雅致。枝条少刺易打理，可以有各种造型方式。植株耐受性强，对黑斑病、白粉病的抗性强，适合新手种植。

株高约50cm，多用于盆栽，可不断开出直径2～5cm的可爱小花，十分适合种在阳台等处。

'泪珠' | *Tear Drop*

可在紧凑的植株上开出很多清纯的白色花朵，无论是盆栽还是地栽都很适合。对黑斑病的抗性强。易种植，修剪时只需剪掉残花，不要剪得过重。

○开花方式：四季开花
○花色：白色　○花形：圆瓣平开
○花朵直径：3.5cm
○株型：横展型
○株高：0.2～0.4m
○香味：微香
○育成地：英国
○发布年份：1989年

'甜美黛安娜' | *Sweet Diana*

坐花状况出色且单花花期长，仿佛是大花系列的缩小版，可开出非常出色的尖瓣高心形花，花瓣褪色现象不明显。

○开花方式：四季开花
○花色：深黄色
○花形：尖瓣高心
○花朵直径：5～6cm
○株型：半直立型
○株高：0.3～0.5m
○香味：微香
○育成地：美国
○发布年份：2001年

'矮仙女 09' | *Zwergenfee'09*

朱红色的重瓣花成簇开放。植株繁茂，注意不要修剪得过重，尽量多留小枝。对黑斑病和叶螨的抗性强。

○开花方式：四季开花
○花色：朱红色
○花形：圆瓣平开
○花朵直径：4cm
○株型：半横展型
○株高：0.4～0.5m
○香味：微香
○育成地：德国
○发布年份：2009年

'第一印象' | *First Impression*

无论是花朵大小还是植株大小都属于微型月季中较大型的品种。独特的没药香气也令人印象深刻。对黑斑病的抗性强且易于打理。

○开花方式：四季开花
○花色：鲜黄色
○花形：尖瓣高心
○花朵直径：5cm
○株型：半直立型
○株高：1.2m
○香味：中香
○育成地：美国
○发布年份：2009年

'梅兰迪娜夫人' | *Lady Meillandina®*

较大的经典月季花形搭配优美的花色，广受欢迎。坐花状况良好且单花花期长。

○开花方式：四季开花
○花色：中心颜色稍深的浅桃色
○花形：尖瓣高心
○花朵直径：5～6cm
○株型：横展型
○株高：0.5～0.6m
○香味：微香
○育成地：法国
○发布年份：1986年

'巧克力花' | *Cioccofiore*

花色浓郁、独特，如巧克力。故而得名。

○开花方式：四季开花
○花色：巧克力色
○花形：尖瓣平开
○花朵直径：6～7cm
○株型：直立型
○株高：0.4～0.8m
○香味：微香
○育成地：法国
○发布年份：2004年

枝条呈半藤本状伸展的类型，不同品种的花朵大小、开花习性、新枝伸展方式均不同。
对于枝条会延展得较长的品种，可以按照藤本月季的牵引方法造型。

'风情' | *Coquette Romantica®*

○开花方式：四季开花
○花色：白色
○花形：莲座状
○花朵直径：7cm
○株型：横展型
○株高：0.6m
○香味：微香
○育成地：法国
○发布年份：2019年

　　坐花状况非常出色且单花花期长，可开出许多高贵而惹人怜爱的纯白色花，夏季之后还可以反复开花。抗病性强，植株紧凑，也适合盆栽。

'霍勒夫人' | *Frau Holle*

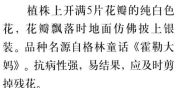

○开花方式：四季开花
○花色：纯白色
○花形：单瓣
○花朵直径：7cm
○株型：横展型
○株高：1m
○香味：微香
○育成地：德国
○发布年份：2006年

　　植株上开满5片花瓣的纯白色花，花瓣飘落时地面仿佛披上银装。品种名源自格林童话《霍勒大妈》。抗病性强，易结果，应及时剪掉残花。

'柠檬酒' | *Limoncello*

　　单瓣花，开花后花色逐渐变浅，很多花朵一起开放时色彩不一，十分迷人。叶片为亮叶且较小，枝条较细，植株繁茂，可开出很多精致的花朵。抗病性强，可广泛用于盆栽或花坛装饰。

○开花方式：四季开花	○花朵直径：5～7cm	○香味：微香
○花色：艳黄色至浅黄色	○株型：半横展型	○育成地：法国
○花形：圆瓣单瓣	○株高：1.2～1.5m	○发布年份：2008年

'索莱罗' | *Solero*

○开花方式：四季开花
○花色：柠檬黄色
○花形：莲座状
○花朵直径：7～8cm
○株型：横展型
○株高：1.5m
○香味：中香
○育成地：德国
○发布年份：2008年

　　花瓣质地挺拔，数量多，组成莲座状花，散发柔和的香气。深绿色的叶片将花色衬托得更加抢眼。抗病性强。

'卡尔·普洛伯格' | *Karl Ploberger*

同一花枝上可开出1～3朵分量感十足的花朵。枝条伸展性好，也可以作为藤本类型来打理。对黑斑病的抗性强，易种植。可以反复开花，花期很长。

- ○开花方式：四季开花
- ○花色：黄色至柠檬黄色
- ○花形：圆瓣杯状
- ○花朵直径：8cm
- ○株型：直立型
- ○株高：1.2～1.5m
- ○香味：中香
- ○育成地：德国
- ○发布年份：2009年

'汉斯·戈纳文' | *Hans Gönewein®*

粉色的可爱花朵即使到秋季也可以开得很好。叶片为亮叶且非常厚实。对黑斑病及白粉病的抗性强，非常容易种植。枝条坚韧，在灌丛类型中属较紧凑的株型，可以盆栽，也可以作为小型藤本月季来造型。

- ○开花方式：四季开花
- ○花色：浅粉色
- ○花形：圆瓣杯状
- ○花朵直径：6～8cm
- ○株型：半横展型
- ○株高：1.5m
- ○香味：微香
- ○育成地：德国
- ○发布年份：2009年

'玛丽娅·特蕾莎' | *Mariatheresia*

- ○开花方式：四季开花
- ○花色：柔粉色，中心为珊瑚粉色
- ○花形：四分莲座状
- ○花朵直径：6～7cm
- ○株型：横展型
- ○株高：1.5m
- ○香味：微香
- ○育成地：德国
- ○发布年份：2003年

四五朵中型花成簇开放，中间的花瓣呈优雅的褶皱状。带有光泽的叶片更为美丽的花朵增色。冬季时回剪较短的枝条就可以开出很棒的效果。抗病性、耐寒性都很强，易种植。

'小红帽' | *Rotkäppchen*

- ○开花方式：四季开花
- ○花色：深红色
- ○花形：莲座状
- ○花朵直径：6～8cm
- ○株型：直立型
- ○株高：1.2m
- ○香味：微香
- ○育成地：德国
- ○发布年份：2007年

开花时间稍晚，每根枝条上约5朵花成簇开放。花瓣质地厚实、不易褪色，可以长时间保持鲜艳花色。叶片光亮。对黑斑病的抗性很强。品种名来自格林童话《小红帽》。

'蒙娜丽莎的微笑' | *Sourire de Mona Lisa*

坐花状况出色，深红色的花争相开放时蔚为壮观。枝条少刺且柔软，可以像小型藤本品种那样牵引到围栏或花格上造型。耐寒性、耐热性都很强，并具优异的抗病性。

○开花方式：四季开花
○花色：绯红色
○花形：圆瓣杯状
○花朵直径：9～10cm
○株型：横展型
○株高：1.5m
○香味：微香
○育成地：法国
○发布年份：2008年

推荐种植的 106 个月季品种

'红色达·芬奇' | *Red Leonardo da Vinci*

坐花状况出色，绛红色的花多随着开花进程慢慢褪色而稍带粉色，在深绿色亮叶的衬托下尤显娇艳。耐寒性、抗病性都很强。习性强健，易种植。枝条横向伸展，也可以牵引到较低的围栏上造型。

○开花方式：四季开花　　○株型：横展型　　○育成地：法国
○花色：绛红色至略带粉色的红色　○株高：1.5m　○发布年份：2003年
○花形：四分莲座状　　○香味：微香
○花朵直径：8～9cm

'甘迪亚·梅迪兰' | *Candia Meidiland*

花朵成簇开放，在萌发新枝的同时不断开出鲜艳的花，观赏期很长。抗病性优异，对黑斑病和白粉病的抗性特别强。

○开花方式：四季开花　　　　　○株高：0.6～0.8m
○花色：绯红色，中心白色，花瓣背面白色　○香味：微香
○花形：单瓣　　　　　　　　　○育成地：法国
○花朵直径：7～8cm　　　　　　○发布年份：2006年
○株型：横展型

古老月季

古老月季是1867年以前已经开始种植的月季的总称，每个品种都有浓郁的香气和优美的花姿，非常有魅力。
可分为多个系列，株型各异，直立、半藤本、藤本均有。

'维多利亚女王' | *La Reine Victoria*

[B] 波旁月季

　　深杯状花多朵成簇开放，散发高贵的香气。既可以当作较小型的藤本品种管理，也可以通过重剪来控制整体株高。

- ○开花方式：反复开花
- ○花色：玫粉色
- ○花形：杯状
- ○花朵直径：7～8cm
- ○株型：直立型或半藤本
- ○株高：2m
- ○香味：浓香
- ○育成地：法国

'雅克·卡迪亚' | *Jacques Cartier*

[P] 波特兰月季

　　花枝较短，莲座状的花朵仿佛直接在叶片上开放。香气迷人且坐花状况出色，是新手易种植的品种。

- ○开花方式：四季开花
- ○花色：柔粉
- ○花形：莲座状
- ○花朵直径：8cm
- ○株型：半直立型
- ○株高：0.6～1.3m
- ○香味：浓香
- ○育成地：法国

'天仙' | *Celestial*

[A] 白蔷薇

　　通透的柔粉色花瓣质感柔和，配合香甜的气息，组成完美的优雅之花，叶片稍带灰色。

- ○开花方式：一季开花
- ○花色：柔粉
- ○花形：重瓣
- ○花朵直径：9cm
- ○株型：半藤本型
- ○株高：1.8m
- ○香味：浓香
- ○育成地：新西兰

'拿破仑的帽子' | *Chapeau de Napoleon*

[C] 百叶蔷薇

独特的花蕾形状犹如拿破仑的二角帽（Bicorne）。

　　将枝条横向弯曲牵引后会发出很多侧蕾，并陆续开出大花。香气怡人，抗病性强，是颇具个性的品种。

- ○开花方式：一季开花
- ○花色：粉色　○花形：莲座状
- ○花朵直径：9cm
- ○株型：半直立型　○株高：1.3m
- ○香味：浓香　○育成地：法国

月月粉 | *Old Blush*

[Ch] 中国月季

　　这是18世纪后半期最早从中国传至欧洲的四季开花品种。花期早且对黑斑病、白粉病的抗性强。

- ○开花方式：四季开花
- ○花色：粉色（外缘颜色深）
- ○花形：圆瓣杯状
- ○花朵直径：8cm
- ○株型：半横展型
- ○株高：0.6～1.6m
- ○香味：中香　○育成地：中国

'塞美普莱纳' | *Alba Semi-plena*

[A] 白蔷薇

　　大量的白花与灰绿色的叶片相映成趣。习性强健，适合新手种植。修剪时只需剪去结出果实的枝条。

- ○开花方式：一季开花
- ○花色：白色　○花形：半重瓣
- ○花朵直径：5～6cm
- ○株型：半直立型　○株高：2m
- ○香味：浓香　○育成地：英国

'哈迪夫人' | *Mme. Hardy*

[D] 大马士革蔷薇

　　这是马尔迈松城堡的园艺师哈迪献给自己妻子的品种。浓烈的香气和花朵中间隐约可见的绿心让人着迷。这也是古老月季中最易种植的品种之一。

- ○开花方式：反复开花
- ○花色：白色　○花形：四分莲座状
- ○花朵直径：6～7cm
- ○株型：半直立型
- ○株高：0.8～2m
- ○香味：浓香　○育成地：法国

'新黎明'

Techniques

月季园专家传授
最实用的栽培技巧

接下来将介绍可以培育更强壮的植株、开出更惊艳的美花的月季栽种秘诀。如果您是新手，建议在动手栽种前先通读本书，了解月季养护的相关要点。

铃木满男（MISTUO SUZUKI）

京成月季园原首席园艺师。在管理月季园的同时，还亲自指导月季生产，并开办面向大众的月季讲座，好评不断。还经常在杂志、媒体上分享月季相关知识。

照片提供：京成月季园

栽种玫瑰月季的重要事项！

* 新手要尽量选择抗病性强的品种
* 只要有一根粗壮的枝条就是好的大苗
* 大苗要在秋冬季地栽
* 摘心有利于新叶萌发
* 梅雨时节的病虫害防治为重中之重
* 夏季补水有利于秋季开出美花
* 地栽定植后只需要施冬肥
* 牵引时不要打"8"字结
* 有的老枝不可以修剪

月季栽培基础知识

花苗的种类和挑选方法

选择好的花苗是最基础的环节，这里先介绍花苗的挑选方法。

☺ 花苗分类

秋季、冬季销售的称为"大苗"，春季销售的称为"新苗"

　　市场上可见的月季花苗，通常分大苗和新苗两种。大苗是指在冬季至次年夏季之间嫁接，在苗圃养护一年后，从9月底至次年3月销售的花苗。新苗则是在夏季至秋季完成芽接或冬季完成切接再养护几个月后出售的花苗。

在商店常见的假植在塑料高花盆中的大苗。可以看到粗枝上发出了新芽，这种在强壮枝条上长出叶片的苗就是好苗。

不好的大苗

尽量不要选择分出多根细弱枝条的苗。图中的大苗嫁接处部分萎缩，且枝条有伤，可见褐色斑痕。

只要有一根较粗壮的枝条，就属于养得比较健壮的大苗了。如果嫁接处愈合状态比较自然，那就是完美的好苗。

包根苗。在花卉市场上也可以见到这样的苗，用水苔和泥炭把苗根裹起来，外面再用无纺布或网子套上出售。这种苗买回后若不能马上定植的话，需要做相应的养护，避免根部脱水。

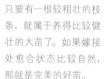
'热情'

对于大苗来说，标签非常重要，可以了解品种名、特征和种植方法等内容

木质化部分
茎髓
从切口看木质化部分较多，枝条上伤痕少的较好。中心有少量白色茎髓的枝条是比较健壮的枝条。

有粗壮枝条的苗比较好

较好的大苗

嫁接部位状态较好

☺ 挑选大苗的方法

只要有一根粗壮枝条就是好苗

　　大苗在秋季至冬季（9月下旬至次年3月）销售时是只有枝条，没有长出叶片的状态。近年来市场上销售的大苗主要为种植在高花盆的假植苗。

　　虽然因品种和销售时期的差别，花苗的状态会有一些不同，但在挑选花苗的时候重点注意如下几点。

● 只要有一根粗壮的枝条（直径1.5～2cm）就是好苗。如果枝条较细但很硬挺，也没有问题。冬季枝条表皮因寒冷而变成紫红色的是好苗*。

　*不同品种其枝条表皮呈现有所不同，有的品种即使过冬也只是表皮的绿色变深而已。

● 查看嫁接部位，尽量不要选择接口开裂或开始萎缩的苗。

● 如果是在9—11月或2—3月，可以看到枝条上的芽开始萌动，就说明是好苗。

● 枝条有褐色的伤痕或切口的木质化部分有疤痕，尽量不要选购。

● 如果是裸根苗（在根系已经脱土的状态下销售的花苗），应选择根较粗壮且较长的苗。

好的
新苗

叶片繁茂、颜色鲜艳。一定要
查看叶片背面是否有病虫害

用木棍等牢固支撑

带有标签

嫁接部位状态良好的苗

叶片颜色不好

枝条细弱

嫁接部位不稳固

底部叶片脱落

不好的
新苗

枝条纤细且底部叶片脱落或整体叶片较少。嫁接部位不稳
固的苗很难养好，尽量不要选择。

挑选新苗的方法

选择叶片没有病害、整体较粗壮的苗

新苗指是在春季至夏季上市的幼苗，大多是新萌发出1根枝条，并带着1个花蕾的状态。可以按照如下要点选购好的新苗。

● 叶片繁茂、颜色健康。

● 枝条节间较紧凑。

● 没有发生病虫害。检查叶片背面，确保没有附着叶螨等。

● 砧木和接穗的粗细程度基本一致。

● 已经有新芽或花蕾萌发的苗比较好。

● 品种标签完善的苗。标签上标注的种植要点是非常重要的信息来源。

萌出花蕾的新苗。可以参考其他苗的状态和
标签内容，选择合适的花苗。

问 & 答

花苗挑选

问 "好苗三根枝"是对的吗?

经常有人会说"长出三根枝条的是好苗"，这适用所有情况吗?

答 因品种而异!

不同的月季品种，习性、特征、株型都有所区别。有些品种生长缓慢，有些品种只在一个时期集中生长，其他时段基本没有什么变化;枝条的萌发方式和长度也会因品种不同而呈现较大差异。

对于月季来说，并不一定要在十全十美的状态才能很好地生长。关键是要注意预防病虫害，同时充分顺应每个品种本身的特性，自然就会培育出健康生长的植株。

问 看起来有些脱水的进口裸根苗是不是已经不行了?

在网上购买的进口花苗，有一些是密封在塑料袋里的裸根苗，收到后感觉植株脱水而且新芽也萎缩了。这样的苗还能种好吗?

答 养护得当的话应该没有问题。

进口苗因为需要接受植物检疫，所以是在洗过根的状态下进口的，在送达前可能已经开始发芽了。已经发芽的苗脱水后根系也萎缩了，如果直接种下的话较难扎根。

在收到苗后，把新发出的芽留1~2cm长后剪断，之后把植株整体浸在水桶中充分吸水，并用杀菌剂消毒。另外，这样的花苗通常根系多处受伤，如果直接定植在杂菌较多的花园中容易发生根系腐烂等问题，所以建议开始的时候先用排水性较好且无杂菌的土壤盆栽养护，等到根系生长良好后再移栽至花园里。

种植所需的材料及工具

接下来为大家分别介绍种植月季时需要的各种材料和工具，大家可根据自己的实际种植条件选用。

◈ 基质、肥料、土壤改良材料

盆栽及地栽时用到的栽培基质和肥料的品质很关键，要选择有机质已经完全腐熟的产品。

赤玉土

盆栽的基础介质，兼具透气性、保水性、排水性。推荐使用中粒或小粒类型。

珍珠岩

将珍珠岩矿经急剧高温、高压处理后制成的多孔质无菌介质。透气性、排水性俱佳。

蛭石

将蛭石矿烧制而成的多孔质介质。透气性、保水性、保肥性俱佳。

泥炭

由堆积起来的水苔等腐熟而成，兼具排水性及保水性，并可提高保肥性。

碳化稻壳

透气性、排水性俱佳，可起到防烂根的作用。可以用于定植或作为土壤改良材料使用。

腐熟堆肥

由家畜粪、秸秆及草等堆积发酵而成。可以对土壤起到改良作用，通常在定植时加入，或作为冬肥使用。

油粕

大豆或菜籽油等种子榨油后的油渣。氮元素含量较高。

骨粉

以家畜的骨骼为原料制成的肥料。通过微生物的分解作用，可以提供果实、根部所需的磷。

调和肥

由鸡粪、米糠等有机物发酵而成，是调节过肥效（稳定肥效）的肥料。

钙镁磷肥

富含磷酸的有机肥料。

硫酸钾

易溶于水的速效肥料，富含钾元素。

硅酸盐白土

防烂根药剂。在盆栽定植或换盆时少量添加。

❀ 花盆

常见的有粗陶盆、轻型塑料盆等。可以根据摆放位置和栽种条件选用（详见第53页"花盆"的相关内容）。

粗陶盆

最常用的花盆。

塑料高盆

重量较轻且易干，推荐在阳台使用。

❀ 水壶

选用结实且稳定性好的产品。容量8L的比较实用。

❀ 铁锹

在庭院移栽和施肥时使用。有尖头和方头等形状，可以根据需要选用。

❀ 筒铲

盆栽时，便于向花盆和苗的空隙中加土。

❀ 手锯

月季的枝条有时会长得非常粗壮，需要锯子才能切断，因此最好准备一把小型手锯。

❀ 园艺剪

这是种植月季非常重要的工具。选购时可拿在手上试一下是否合手。如果有配套的剪套更佳，便于在打理植株时挂在腰上随时取用。

❀ 绑扎材料

在将枝条绑扎在支架上及牵引藤本月季的枝条时需要用到绑扎材料。建议使用可以自然降解的材料制成的绑扎绳。

麻绳
易绑扎且绑紧后不易松动。一年左右就会风化，不易伤到枝条

纸绳
半年左右就会风化松弛，适合定植时将枝条加固在支架上使用

棕榈绳
可以将粗枝和有回弹力的枝条稳固扎紧，能有效维持3年左右。这种绳比较硬，应过一段时间检查是否发生绳子嵌入新枝的情况，及时做相应调整

❀ 皮手套

由于月季的枝条上有尖刺，因此应尽量选用不易被扎穿的皮革等材质的园艺手套。

❀ 喷雾器

用于喷洒药剂。可以根据种植的数量和植株大小来选择相应容量的喷雾器。图中为使用干电池的泵式喷雾剂。

浇 水

正确浇水是种好月季的重要因素。如果浇水方法不当，可能会诱发病虫害或使植株长势变弱，所以需要牢记浇水的要点，认真对待。

☺ 浇水的基本原则

上午，根据基质的含水状况轻柔地往植株根部浇足水分

　　无论是盆栽还是地栽，最适宜的浇水时段都是上午。因为这是植株利用从根部吸收的水与空气中的二氧化碳来进行光合作用，制造养分的活跃时段。

盆栽

全年都需要浇水。基本原则是，盆土表面发干时即需要充分浇水至盆底有水流出。如果是每天都浇少量水，会造成盆土表面长时间处于过湿的状态而引起烂根。

地栽

在刚定植后的一段时间需要保持土壤湿润，其后只要气候不是长时间很干燥，就可以不用特意浇水。但在植株开始生发新枝的时期，如果土壤过干可能会造成新枝还很短就已经开花了。对于刚定植的幼小花苗或将盆栽苗移栽到花园里等情况，需要观察植株的生长状况适当定期浇水。坚持给水会使植株的根为了充分吸水而在地里扎得比较深。但也要注意如果浇水过于精心，反而可能导致植株过于娇弱。

冬季水管中可能会留有一些冰碴，注意要将冰水都放掉后再开始浇花。

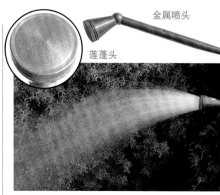

金属喷头

莲蓬头

最理想的是出水呈轻柔的雾状效果。

☺ 各季节浇水的区别

夏季浇水和冬季浇水有所不同

夏季浇水　要在早晚凉爽的时段浇水。适当给叶片洒一点水可以达到去除叶螨的功效。

冬季浇水　选在晴朗的上午（10—12点）、气温开始上升时浇水。如果使用井水，应先放掉前面比较凉的部分。如果使用自来水，最好适当加一些热水，调高水温（15~23℃）后再浇。

这里是重点！

秋花取决于8月浇水的把控

　　如果希望植株在秋季开出美花，要在8月充足浇水。这个时期如果水量不够，可能会造成坐花量偏少或花朵小、花色浅等状况。

☺ 浇水时的注意事项

随意浇水容易引发病虫害

　　给地栽植株浇水时通常使用水管，建议最好选择不透光材质的管子。如果是透明或半透明的管子，会因阳光照射而导致水管内长苔，影响水质。此外，水管中通常会留有一些余水，这些水冬季会过凉、夏季会过热，所以浇水前最好先把这部分水放掉再浇花。

　　水管连接的喷头有各种材质和出水孔大小，最好选择孔小且多的金属莲蓬头，出水呈细雾状效果。浇水时如果水压过大，会把土冲散或导致土壤板结，需要注意调整合适的水压。浇水后检查莲蓬头是否留有水垢或有无出水孔堵塞的情况，适当清洗、擦干，做好相应维护。

盆栽　盆土表面变干后充分浇水至盆底有水流出。

用雾状喷头朝向下方轻柔浇水。

正确方法

地栽

从植株上方浇水
容易诱发病害，特别是将较冷的水浇到叶片上时。

水压过高
如果用喷头猛冲会溅起泥点，容易诱发黑斑病。

过度浇水
容易造成土壤板结、土面过硬。

错误方法

病虫害防治

月季属于较易受病虫害侵害的种类，但只要管理好种植环境并注意防范，月季就能健康生长。

管理种植环境

种植月季会遇到的最大问题就是病虫害。早春三月萌出新芽时易发蚜虫、白粉病和霜霉病。开花期易发黑斑病、蔷薇三节叶蜂。为了减少病虫害带来的损害，需要注意如下几点。

● 选择日照、通风良好的位置。
● 将土壤改良成易排水的状态。
● 种植时保证一定的株距。
● 适量施肥。

肥量过多→导致植株柔弱,诱发病害

肥量不足→导致生长状况不良，需要追肥
● 如果是盆栽，应放在遮雨的廊下等处。
● 新手最好选择抗病性强的强健品种。

现在虽然有越来越多的人开始尝试无农药种植月季，但遗憾的是，至今还依然无法实现完全在无农药的状态下防治月季病虫害。最重要的是要把植株养护得比较强壮，经常细心观察，及时发现病虫害的征兆，以便在病虫害大量爆发前打药防治。

患灰霉病的花朵。

满是介壳虫的枝条。

月季的两大病害

黑斑病

4—11月，气温在20～25℃时易发。初期可见叶片上有直径约3mm、像墨点一样的病斑，之后不断从下面的叶片向上面蔓延，最后叶片变黄、掉落。因雨水会使孢子迅速扩散加快传染，所以在梅雨季节、秋季连续下雨的时节及台风过后要多加关注。盆栽应尽量放在遮雨的廊下或阳台等淋不到雨的地方。通常只要淋了一次雨，就需要费很大力气才能彻底杀菌，所以需要尽早发现病叶并及时摘除，同时马上喷药，按照3天喷3次的频率，直至病症完全消失。

防治方法

对于前一年曾经发病的植株需要从3月开始采取防治措施。尽量选择抗病性强的品种，并保持环境通风。及时捡出落叶并处理掉。为避免下雨时土里的病原菌随泥水溅到植株上，可以在植株下面用稻草等覆盖。

用药

赛福宁乳剂（1000倍稀释液）

易患黑斑病的品种

'维也纳魅力' [HT]、'真金' [CL]
'橙色梅兰迪娜' [Min]
'夏日阳光' [HT]、'西班牙舞' [FL]
'索尼娅' [HT]、'爆炸' [CL]
'梅兰迪娜王子' [Min]、'伦多拉' [HT]

白粉病

在湿度较高、气温在15～25℃的春季和秋季易发，温度不高的初夏也易发。初期症状为在新芽和嫩叶或花蕾上附着白粉一样的斑点，而且在嫩叶的表面会呈现肿胀起来的状态。如果放任不管则会不断传染，感病的花茎和花蕾呈白色且变弯，还会飞散出白色的孢子。所以一旦发现发病征兆需要尽快清洗叶片表面及病斑部位，并及时打药。

防治方法

选择抗病性强的品种，保证光照和通风。注意氮肥要适量。

用药

四氟醚唑ME（4000倍稀释液）、粉锈宁乳油（3000倍）、叶片乳剂"菜籽油乳剂"（200倍）

易患白粉病的品种

'爸爸米朗地' [HT]
'咪咪伊甸园' [FL]
'雄狮' [HT]
'殿下' [HT]

可以在盆土表面铺树皮或水苔防溅。

☺ 除黑斑病、白粉病以外的病虫害防治

	病虫害名	发生位置及症状	发生时期	防治方法（除用药外）
病害	霜霉病	叶片上出现红褐色斑点，叶片背面有灰霉，而后叶片掉落	3—5月、8—12月	易发生于昼夜温差较大的时期，注意气温低的时候不要让叶片淋到水
	灰霉病	初期在花瓣上出现红色斑点，并在花蕾和花朵上滋生灰霉，最后变成深褐色，像融化掉一样腐坏	5—12月	多发于降雨较多的时期。注意保证通风，发现染病的花蕾要及时剪除，掉落的花瓣也要及时处置掉
	锈病	叶片上出现橙色突起状斑点，主要发生在原生野蔷薇等品种上	5—11月	日常注意清理植株周围，及时去掉没有用的细枝等以确保通风。用现病斑的部分应及时剪除并处置掉
	根瘤病	土中的细菌从根系的伤口处侵入感染植株。根和枝干会出现瘤状突起，植株长势变弱	全年	土壤湿度大则细菌多，应避免积水。感病后植株不会立即死亡，用小刀挖除患处即可。如果植株停止生长了，则拔除植株
害虫	蚜虫	春季和秋季，新芽、花蕾、花茎等处会密集出现绿色或黑色的小虫子吸食汁液，影响植株正常生长	4—11月	会导致植株感染病毒，发生烟霉病等二次病害。需要尽早发现并及时捕杀
	金龟子类	带有光泽的甲虫。成虫会钻进花中啃食，还可能啃食叶片。幼虫在土中啃食根系，经常会造成盆栽花苗枯死	5—10月	捕杀成虫。成虫产卵期间在盆土表面盖细网或无纺布，以避免成虫钻入产卵
	蔷薇三节叶蜂	成虫长约1.5cm，腹部为橙色，背部为黑色。从尾部伸出产卵管刺破枝条产卵。孵化出的幼虫成群啃食叶片，最终只剩下叶脉	4—11月	正在产卵的蜂动作迟缓，如果发现应及时捕杀并剪除相应枝条。发现幼虫应立即清除或喷杀虫剂
	叶螨（红蜘蛛）	在叶片背面寄生很多肉眼很难分辨的极细小的虫子，吸食叶片的水分和养分导致叶片变干且出现类似蛛网的膜，后变黄落叶	5—11月	不喜环境过湿及下雨，但通常从梅雨季开始逐渐扩散，后在高温干燥的夏季大量发生，所以应在梅雨季到来之前采取防治措施。可以用水猛冲叶片及使用除螨药。注意微型月季最易受害，应在日常加以观察防治
	介壳虫类	呈蜡质状的白色虫子，多发于枝干处。吸食植物汁液使植株变得柔弱甚至枯死	全年	可以按压水管出口，加强水压后将其冲刷掉。近年来越发常见
	象鼻虫	为体长2~5cm的黑色虫子，主要发生在初春，在新芽和花蕾上产卵，使枝梢呈现卷曲变干的病态	4—5月	从日出后到上午8点会停留在枝梢，可以在此时捕杀

用药时请一定先阅读标签或说明书，了解用量用法后再施用。

☺ 害虫

蚜虫

发生时期：4—11月

极小的绿色或黑色的虫子，布满新芽、花蕾等植株较柔嫩的部位吸取汁液，影响植物生长。如果放任不管还有可能会引发烟霉病。

防治方法
发现后应立即捕杀，也可以用刷子刷落。如果量较大则需要喷药。

叶螨（红蜘蛛）

发生时期：5—11月

寄生于叶片背面的吸汁性害虫，与蜘蛛近缘。被吸食过的位置叶绿素缺失，呈白色的斑点状。

防治方法
多在高温干燥的夏季爆发，最好在梅雨季前防治。微型月季最易受害。可将叶片翻过来检查，如果发现征兆可用强水流冲刷并喷药。

蓟马类

发生时期：5—11月

潜入花蕾或花朵中吸食汁液。可能会造成花朵畸形、变色，花蕾无法正常开放。

防治方法
成虫通常会在花瓣上产卵，所以应剪除已经被啃食过的花朵或花蕾。将掉落的残花和花瓣装在袋子里扔掉，并喷药防治。

蔷薇三节叶蜂

发生时期：4—11月

成虫体长约1.5cm，腹部为橙色，背部为黑色，在枝条中产卵。孵化出的幼虫一起啃食叶片，转瞬就只剩叶脉了。

防治方法
产卵时刺伤枝条，可以看到产卵的裂痕。如发现应及时捕杀或打药。

关于喷药

将杀菌剂和杀虫剂混合喷洒，效果更好

防治病虫害的药主要分为防病治病的杀菌剂和防虫治虫的杀虫剂两大类。通常的做法是把两种药分别按照规定的比例稀释后一起喷洒，效果更好。

严格遵照规定的浓度

在认真了解药剂的功能和使用说明后，按照标出的倍率正确完成稀释。如果是高浓度不仅无法增强药效，反而可能提高害虫或病原菌对药物的耐受性。

喷药作业注意事项

● 初春如果用温度较低的水稀释药液，反而容易诱发病害，所以需要注意调节到合适的水温。
● 春季和秋季应选在气温开始回升的上午喷药，夏季应选在较凉爽的傍晚作业。
● 不要在同一株上重复喷药。
● 同一种药不能长时间持续使用。使用3次后应换成其他药，以免产生耐药性。
● 未用完的药液不可直接倒入下水道，必须掩埋在土中。

植株数量少时，可以直接用小的喷壶喷药。有的药是装在喷壶里直接销售的，一些喷壶还可以倒过来喷叶片背面，非常方便。

在初春重点预防霜霉病

喷药后有可能会出现一过性的叶片枯萎变黄等药害现象。在气温较低的初春时节等时，为了抑制霜霉病发作，需要在打药的时候掺入代森锰锌杀菌剂。

这里是重点！

稀释倍率的计算方法

用需要的稀释倍率作为除数，即可计算出剂量。

[例] 用A剂800倍稀释液与B剂1000倍稀释液配制1L药液。

A：$1000mL \div 800 = 1.25mL$

B：$1000mL \div 1000 = 1mL$

（水溶剂则单位为 g）

A剂 1.25mL　　B剂 1g

✕ 不要选在风大的日子作业
✕ 事先收好晾晒的衣物
✕ 不要让宠物靠近

为防止打药时药液沾在皮肤上，需要佩戴好橡胶手套、口罩，穿上雨衣等，做好个人防护。

介壳虫

发生时期：全年

扁平的圆形或椭圆形虫子附着在枝干上，虫体白色，可见细粉，吸食植株汁液使植株长势变弱。

防治方法
按住水管口加大水压，用强水流冲刷掉。

象鼻虫

发生时期：5—6月

在初春时出现的体长为2～5cm的黑色虫子。在新芽和花蕾处产卵，使枝梢卷曲变干。

防治方法
多在日出后至上午8点出现在枝梢，应在此时捕杀。受害部位可能留有幼虫，因此如受害严重则应把整根枝条剪掉。

烟夜蛾

发生时期：8—9月

烟夜蛾的成虫会在花蕾中产卵，幼虫孵化后在花蕾上开洞啃食。成熟幼虫会啃食花朵。

防治方法
一年会发生3次，秋季为害最严重。将受害的花蕾焚烧掉，并施用毛虫杀虫剂。

盆栽月季的栽培要点

即使空间不够，光照条件也不是很理想，也有很多可以成功栽培月季的方法。建议一定要试试用花盆培育一株月季！

'亮粉绝代佳人'

1 基质和花盆

盆栽首先要准备合适的花盆和相应的基质。强壮的大苗、没有细根的苗与进口裸根苗等适合的栽培基质和花盆也各不相同。

☺ **配制栽培基质**

根据花苗的种类和根系的状态选择合适的配比

盆栽的基质对月季的生长状况有很大影响。一些园艺店里也会销售月季专用种植土，但建议还是要根据品种和植株的状态自己配制。

市面上销售的种植土有的已经掺入了堆肥及腐叶土，甚至加好了肥料，这样的基质对于健康的植株来说是可以正常使用的，但不适用于进口裸根苗等根系有问题的苗。

右侧介绍了几个配制方案，可以作为参考。在此基础上还需要根据具体的种植位置、花盆的材质及大小等综合考虑而进行相应调整。

> **这里是重点！**
>
> **灵活利用配方培养土**
>
> 要尽量挑选质量较好的栽培基质。如果是健壮的大苗可以直接使用这样的培养土，但其他种类的苗则需要根据苗的状态加入相应的介质。如果是没有细根的苗或是刚开始生根的苗，为了促进生根，需要加入三成中粒赤玉土，这种介质粒度大且透气性好。如果是新苗或微型月季，则为了加强保水性，最好加入两三成泥炭。

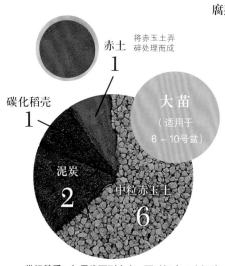

赤土 1
将赤玉土弄碎处理而成

碳化稻壳 1

大苗（适用于6～10号盆）

泥炭 2

中粒赤玉土 6

常规基质。如果找不到赤土，可以把赤玉土打碎后使用。

【其他推荐配比】
- 中粒赤玉土：泥炭：碳化稻壳＝7：2：1
- 赤土：腐熟堆肥＝9：1

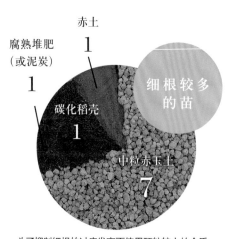

赤土 1

腐熟堆肥（或泥炭）1

碳化稻壳 1

细根较多的苗

中粒赤玉土 7

为了抑制细根的过度发育而使用颗粒较小的介质。

珍珠岩 0.5

腐熟堆肥 1

新苗、微型月季苗（适用于3～6号盆）

小粒赤玉土 8.5

在较小的花盆中种植时，应使用小粒赤玉土以达到保水的效果。如果是用较大的花盆，则最好相应替换成颗粒较大的赤玉土，以确保良好的排水性。

【其他推荐配比】
- 小粒赤玉土：泥炭：碳化稻壳（或珍珠岩）＝7：2：1

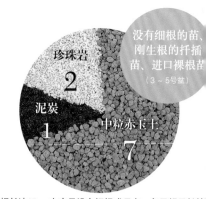

珍珠岩 2

泥炭 1

没有细根的苗、刚生根的扦插苗、进口裸根苗（3～5号盆）

中粒赤玉土 7

根长达15cm左右且没有细根或只有一条又粗又长的根的大苗，以及刚发出根的扦插苗，为了使其尽早发出细根，最好使用颗粒较大的洁净介质。

对于可能因洗根受到损伤的进口裸根苗来说，需要选用清洁、没有杂菌且排水性好的基质来定植。定植后可以在盆土的表面撒少量预防烂根的沸石或硅酸盐白土。

'泰迪熊'的花色与素烧盆相映成趣。

微型月季'阵雪'具
有垂枝的特性，种在
吊篮等处欣赏也是不
错的设计。

🌸 花盆

根据放置位置的光照条件及养护习惯选择花盆

　　适合种植月季的花盆是由具有一定透气性材料制成的中高型花盆，但因放置位置的光照条件、浇水管理等状况不同，也有一些不同的选择。

　　如果放在易干燥且不能经常浇水的地方，宜选用保水性好的塑料盆。

　　种植藤本品种时，虽然最终定植时宜使用10号以上的大花盆，但刚开始栽种时宜选择6～7号盆，冬季换盆时再逐渐换到更大的花盆之中。

这里是重点！

根据自己的养护习惯选择合适的花盆

　　通常花苗定植时提供的花盆大小建议只是一个参考，主要还是要根据日常生活中养护植物的具体习惯来决定。如果白天大多数时间不在家，就要选择早上浇过水后水分能维持到傍晚的花盆材质和型号，而放置花盆的位置和基质的状况也会对水分有所影响，所以需要根据自己的栽种条件做一些尝试和调整。

月季园专家传授最实用的栽培技巧

粗陶盆

这是常用的传统花盆，广泛用于栽种各种植物。特点是型号丰富、结实且价格低廉。

瓦盆

盆壁透气性好，并具备适当的保水性。

塑料盆

由合成树脂制成，保水性优异。价格低廉，重量很轻，近年来有了很多颜色、外形可供选择。

微型月季'白桃妖精'种在雅致的素烧盆里的效果。通常放在户外日照充足的地方养护。

瓷釉盆

适合种植直立型品种。保水性好，但因上了釉，透气性不佳。

装饰盆

表面带有装饰纹样的个性化花盆。可以为摆放地点营造赏心悦目的氛围。

再生纸钵

使用再生纸制作的环保容器。透水性及保湿性好，可以长时间使用。

2 定植

大苗在秋季到冬季之间出售，新苗在春季出售。可以参考花苗的挑选方法（详见第 44 页）选苗并种到适当的花盆中。

大苗 定植 | 适宜时期：9月下旬至次年3月

材料与工具

　　大苗、基质（配比详见图示）、少许防烂根介质（硅酸盐白土）、6号花盆、钵底网、钵底石、筒铲、小棍、喷壶等

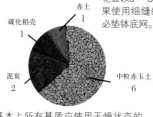

赤土 1
碳化稻壳 1
泥炭 2
中粒赤玉土 6

基本上所有基质应使用干燥状态的，但泥炭需要先稍稍打湿。

花盆以6～8号盆为宜，如果使用细缝的花盆，则不必垫钵底网。

1 放钵底石

在盆底垫钵底网后，为了提升排水效果和透气性，再在盆底铺一层2～3cm厚的钵底石。

2 放入基质

加入配好的基质至花盆1/3高度，并把中间部位略堆高一些。

☺ 尚未萌芽的大苗

还没长出新芽的大苗

（与步骤照片中的花苗品种不同）

3 花苗脱盆去土

把苗从原盆中脱出。通常11月中旬以后花苗已经进入了休眠期，可以适当整理根系。脱盆后打散根系的同时抖落原土。

4 展开根系 摆放好植株

把根系散开摆放在中间堆高的位置，注意不要让根朝向上方。

5 填充基质、夯实

继续加入配好的基质。

用小棍夯实基质，避免根系周围有空隙。

6 调整植株高

调整苗的高度，使嫁接口略高于基质后轻按周围最后在表面撒少量硅酸盐白土。

☺ 已经长出新芽的大苗

已长出新芽的大苗

3 不要破坏根坨

从原盆中脱出花苗。已经长出新芽的植株根系也不再休眠，因此尽量不要打散土坨，把上方的土剥掉一些即可。

4 剪掉部分枝叶

剪除发出新芽的枝条，摘除叶片。

5 摆放好植株、加土

保持根坨的原型放入盆中，加入新的基质。

用小棍一边调整一边加足基质。

6 调整植株高

调整苗的高度，使嫁接口略高于土表，轻按周围介质，最后在表面撒少量硅酸盐白土。

| 浇水 | 将盆栽放在不会被霜打的地方养护，盆土较干时在晴天的上午浇水。如果自来水过凉，可以加一点热水后再浇花。 |

❼ 浇水（各种苗的方法相同）

选用喷头孔较细的喷头浇水至从盆底有水流出。

浇过水马上渗光的状态。

再次充分浇水。

水充分渗入土与土、土与根系之间，空气会被挤出来，土表冒出气泡。待水缓慢褪去后就完成了定植后的浇水步骤。

☺ 大苗定植后的养护

秋季定植后，根系可以在入冬前充分生长

大苗从9月下旬起上市。通常植株会正常生长到11月左右，所以秋季栽种的花苗可以在冬季到来前先充分扎根，这样冬季也不会枯萎，次年春季可以正常生长。

不要在修剪期之前剪掉新生的芽和叶片

如果在9月下旬到10月（暖冬则到11月）定植，花苗会长根并生发出新芽。这个时期严禁修剪枝条，也不能摘取叶片。定植1个月后新芽会长成约20cm长的枝条，如果出现花蕾则要摘除。长出花蕾并已经做好开花准备的枝条会变得强壮且枝条表皮坚实，可以顺利过冬。

通常在10月下旬早晚气温下降的时候植株就停止生长了，12月进入休眠期。这之后长出的叶片的养分会回归枝条，这时新枝条的外皮已经足以应对寒冷环境了。

定植后长出的枝条在1月下旬至2月修剪

为了让植株在春季发出强壮的枝条并开出大花，需要将定植后长出的枝条回剪，仅保留1cm左右长度即可。

定植后养护了约3个月的大苗。

将定植后发出的枝条从距离枝条根部1cm处剪断。

所有枝条修剪完成的状态。

原则是要在开花前把植株养护强壮

3月，植株会萌发出较成熟的芽，3月下旬长成叶片。原则上定植后的第1年春季无须去芽埋枝，要先把植株养强壮。

如果顺利，植株在5月中下旬就可以开花了。之后需要施肥（详见第58页），修剪残花，从夏季修剪开始即可按照常规处理来养护了。

新苗 定植 适宜时期：4—6月

材料与工具

新苗、基质（小粒赤玉土∶堆肥∶珍珠岩＝8.5∶1∶0.5）、花盆（7号的粗陶盆或塑料盆）、少许防烂根介质（硅酸盐白土）、钵底网、钵底石、筒铲、小棍、喷壶、支架、纸绳

新苗 定植时

- 支架
- 充分浇水
- 不破坏根坨
- 不施底肥
- 摘蕾（第1次摘心）
- 让嫁接口高出土面
- 用纸绳固定在支架上
- 新苗介质
- 钵底石
- 7号盆

1. 与大苗的定植方法相同，在盆底垫钵底网后铺上钵底石。加入少量介质，调整到放入花苗后嫁接口处于盆高4/5的位置。

2. 把苗从原盆中脱出放入盆中，不要破坏根坨。

3. 调整植株高度，使嫁接口高于土面。

4. 在表面加少量硅酸盐白土等防烂根介质，充分浇水。

5. 立起插入支架固定，保护接口以免开裂。

新苗 8月的状态

- 两次摘心
- 软摘心
- 第1次摘心的位置
- 基枝（7月发出）
- 7号盆（7—8月换盆）

这里是重点！

为新苗摘心很重要

春季定植的新苗还不算是成熟的花苗。为增加枝叶量使植株强壮起来，需要给枝梢摘心。在秋季前结出的花蕾也要全部摘除。

植株较小的时候需要摘蕾。

定植后的养护

放置在日照条件好的位置，盆土较干时在晴朗的上午浇水。为了避免新枝缺水萎缩，夏季有时需要早晚各浇一次水。如果要把花盆放在花园中，为避免根系从盆底伸出来，最好在花盆下面垫上砖头等与地面隔离开（如果盆栽比较多，也可以铺一层防根布）。花苗较小的时候需要特别防范病虫害及避免发生落叶。

定植状况及其后的养护

不要打散根坨

新苗的定植时期正值生长期，所以定植时不要打散根坨，不要施底肥。

由于接穗嫁接到砧木上的时日尚短，所以一定不能撕开嫁接处的胶条。另外，新苗大多是种在4号盆中销售的，所以在5月购买时可以先栽入6号或稍小的花盆中，等到7月下旬至8月再移栽到7号盆里。换盆的时候换到大一号的盆中，能避免破坏正处在生长期的植株根坨。

9月上旬前要摘蕾

新苗阶段最关键的是要让植株强壮起来，所以不能急于赏花，在9月上旬前要在花蕾长到豆子大小之前摘蕾。如果植株买来时已经开花，则要在花后把花摘掉，并把其他花蕾都摘除。

如果植株比较强壮，则10月后可以陆续开出花，之后修剪残花和换盆等操作都可以按照常规方法处理。

开花苗 的养护

已经开始开花的盆栽苗买来可以直接赏花，秋季花期结束后进行冬季修剪，再移栽至大一些的花盆里。如果植株叶片较多，下一季也可以有很棒的开花表现。

🍃 挑选方法

不要被花朵迷惑，要根据植株状态来挑选

盆苗是在苗圃培育，视开花状况上市销售的苗。在选购时不仅要看花，更重要的是要确认植株的整体状况。选择枝条数量较多、叶片数量多且颜色深、没有出现黑斑病或白粉病的植株。如果同时有多盆相同品种的植株备选，可以整体比较一下。

还要记得确认是否有带品种名的标签，明确品种名以后就可以了解这个品种的习性和特征，便于了解相应的养护方法。

长出新的花枝并带有花蕾

叶片和枝条数量较多，植株长势旺盛

整体株型紧凑，色彩鲜艳

🍂 赏花诀窍

以夏季修剪促秋花

5月购买的开花盆苗开过一茬花之后还可以开出第2茬和第3茬花。如果在9月上旬进行夏季修剪，就可以在秋季赏到美花（详见第59页）。

在较温暖地区，10月购买的开花苗剪去残花后，如遇暖冬，可在12月的时候再开一次花。剪残花的时候仅剪掉花朵或剪掉带1对叶片的花枝，则会在40天之后再次开花。

---

3 日常养护

此处简单介绍不同于地栽的养护要点。

夏季用遮光帘等遮挡直射的阳光。

盛夏时节应将盆栽月季放在木台上或在下方垫上木板以免水泥地面反射的热量影响植株生长。

🌿 放置地点

选择淋不到雨又光照充足的位置

放在光照良好的位置养护。盛夏时节应选择通风良好的半日照环境，如果放在朝南的阳台等处则要采取相应的遮光措施。秋季、冬季宜放置在温暖的朝南廊下且淋不到雨的位置。

如果盆栽中有装饰花格，则最好用防风网等防风设施保护，可以有效防止盆花被吹倒或吹得过干。

💧 浇水

注意夏季与冬季的水温

浇水应在晴朗的上午完成。基本标准是盆土表面发干就充分浇水至盆底流出水来。夏季需要确认水管里是否留有过热的水，冬季如果水过凉则需要适当加入

这里是重点！ 盆栽的月季蔫了怎么办？

纸箱

为了避风及防止水分过度蒸发，可以用纸箱罩起来静待恢复。

马上充分浇水，重复一两次。同时给叶片适当洒水，并放置在不会被风直吹的背阴处，待植株状态转好后再摆放回原来的位置。如果植株依然没有恢复的迹象，则回剪至1/2株高，并减少浇水量。

热水调高温度后再浇花。严寒期不能让盆土过湿，以免植株遭受冻害，注意先确认盆中的干燥状况后再浇水。

☺ 施肥

从 3 月起定期施用固体缓释肥

在3—10月的生长期，应每月施一次发酵油粕等有机质固体肥料。

化肥施用过多会因盐分积蓄等原因阻碍植物生长，所以施肥时需要严格按照规定的用量和用法。

盆栽则无须施冬肥。

☺ 病虫害防治

详见第49~51页的内容。

这种固体缓释肥仅需放在花盆边缘就可以持续1个月的肥效。

每次轮换放在不同的位置就可以让整盆的肥效都比较均衡了。

如果使用颗粒肥，则一处放一大勺

药片型肥料。可以在花盆边缘用手指轻按进土里。

4 全年管理

下面介绍定植后必须要做的基本管理要点。关于从春季出芽到秋季的植株状态的具体管理，详见第 66 ~ 69 页。

4 月定植新苗的生长状况（以日本关东地区为参考环境条件，大致相当于我国长江流域）

四季开花品种的新苗在 4 月定植后每个月的生长状况大致如下。

4月	5月	6月	7月	8月	9月

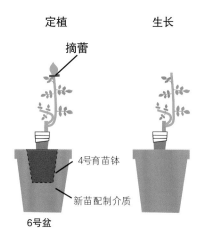

定植

摘蕾

4号育苗钵

新苗配制介质

6号盆

生长

摘心

生长

如果植株长得较大则移栽至7 ~ 8号花盆中

6 ~ 8号盆

笋枝的第1次摘心

🌹 剪掉残花

花开始谢的时候剪掉

　　修剪残花的关键是要选在花开始谢的时候剪。这是因为开花时枝条充分吸水，在此时修剪可以有效促进之后的芽萌发。

头茬花

花开始谢的时候在约1/2花枝总长度的位置从较大的叶片上方剪断。

二茬花

二茬花及秋花的残花在花下2节左右的位置剪断，这样有助于植株较早萌发新芽。

晚秋的花（11月左右）

仅剪去花朵。

🌹 夏季修剪　适宜时期：9月上旬

四季开花品种要修剪所有枝条

　　这是为了保证秋季的开花效果，仅四季开花品种需要做的处理。在9月上旬（9月5日左右），剪掉1/2的花枝长度，注意所有枝条都要修剪。

> **这里是重点！**
>
> ### 夏季修剪主要是剪掉残花
>
> 　　夏季修剪时不需要确认芽的位置。在所有开过二茬花的枝条的中间位置剪断即可，注意不要剪得过多，可以不用区分二茬枝和三茬枝。时间上大概以9月10日为界，夏季修剪约30日后复花，而秋季修剪约40日后会再开花。

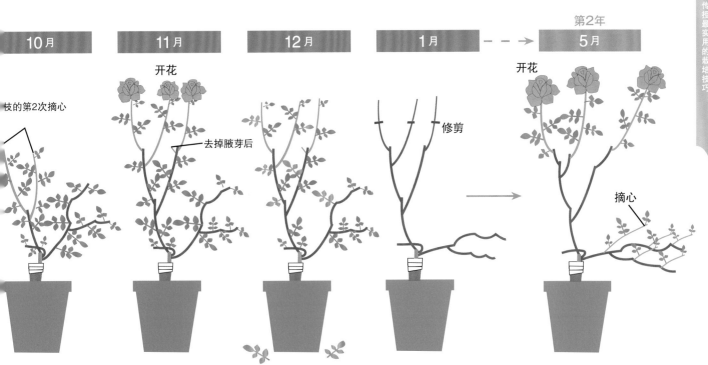

☺ 冬季修剪 　适宜时期：2月

修剪前一年的枝条为春季开花做准备

　　冬季修剪是种植月季必不可少的环节。这时修剪前一年的枝条可以为植株开出更多的花打下基础。修剪时要先在头脑中确定植株整体的株型。

　　灌木品种大多剪至整体株高一半的高度，剪掉前一年开过头茬花的枝条。对于枝条较多，希望可以开出很多花的丰花月季和英国月季等品种，可以修剪掉1/3株高的枝条。

| 修剪前 | ① | ② | ③ | 修剪后 |

这是丰花月季'浪漫蕾丝'的一年生苗。尽可能保留细枝，有助于开出更多的花。

将干枯、长得比较弱的枝条从底部剪除。

开过头茬花的花枝在下方保留两三个芽处剪断。较长的枝条在整根枝条的1/3 ~ 1/2处剪断。基本原则是较粗壮的枝条轻剪，较细的枝条重剪。

清理过密的枝条，调整植株的整体平衡。

| 换盆前 | ① | ② | ③ |

准备换盆的'花园玫瑰'。

先修剪枝条。对于准备换盆的植株需要稍重剪一些，按保留植株高度来调整。

将植株从盆中脱出，可见根系盘结得比较均匀。

把根坨表面的旧土剥除一层，剪除已经枯死的根和过粗过长的根。

☺ 换盆 　适宜时期：1—2月

用新土促进植株苗壮生长

　　冬季换盆是让盆栽月季苗壮生长的重要环节。通常换上大两圈的花盆，再加入新的基质（如中粒赤玉土：泥炭：赤土：碳化稻壳=6：2：1：1等配比）。泥炭等有机物会在一年内就基本分解而丧失养分，并造成排水性变差。换盆时加入新土可以有效促进植株的生长。但如果是刚买来的苗，或是根系还不够发达的苗等，则要等到次年冬季再换盆。

| ④ | ⑤ | ⑥ | ⑦ |

选择比原来的花盆大两圈的花盆，与定植的方法相同，垫好钵底网后加入钵底石。

在花盆中加入少量新的基质，将植株放在中央位置后填土，使土坨尽量与盆中的新土充分结合。

用小棍一边扎实一边加土，至离盆2 ~ 3cm即可。

充分浇水。最初从盆底流出的水里因混有细土会比较浑浊，需要反复浇水直至流出的水变清澈为止。

| 换盆后 |

　　如果花盆已经重得很难搬动，不必强行换盆，需在盆土表面加一些有机质含量较高的新基质也可以让植株苗壮生长。

欣赏盆栽月季

月季除了可以种在花园里，也可以盆栽放在狭小的空间欣赏。只要确保足够的光照，盆栽月季既可以摆放在住宅楼的阳台上，也可以装饰在房子的门廊处。月季植株一旦淋雨就容易发生黑斑病，非常棘手。而盆栽月季便于移动，可以在天气晴朗的时候放在有光照的地方，下雨的时候移到遮雨的地方，非常便于打理。

🅰 坐花状况好、单花花期长的丰花月季'杜埃特阳台'（右）。杯状小花陆续展现可爱花姿的丰花月季'帕什米纳'（左）。装饰在门廊处，楚楚可人的花朵仿佛正在欢迎客人的到来。🅱 丰花月季'柠檬汽水'抗病性强，可以与宿根植物混植。鲜艳的花色可以与各色花朵协调搭配。

🅴 开出可爱的艳粉色花朵的'快乐足迹'。枝条较细软，可呈垂枝效果，也适合栽种在吊盆中欣赏。

🅲 熠熠生辉的亮黄色丰花月季'北极星阿尔法'与紫色系花的盆栽摆放在一起十分吸睛。🅳 非常耐看的丰花月季'猩红伯尼卡'。这个品种即使坐花后也依然长势强劲，开花的同时会长出新的枝条，可以反复开花。株型紧凑，非常适合盆栽。

月季园专家传授最实用的栽培技巧

地栽灌木月季和半藤本月季的栽培要点

下面介绍杂交茶香月季及丰花月季等灌木和半藤本类型的养护方法。人气很高的英国月季和古老月季的部分品种也属于这种类型。

'乌拉拉'

1 定植

先根据花园环境选择好地点后再定植。
定植后的养护因定植时间和花苗的种类不同而有所不同。

😊 定植地点的选择

根据花园的环境来确定定植方案

以前没有种过月季或草花的位置

可以直接定植。

已经种过10年左右草花或月季的位置

种过多年月季或草花的土壤，其团粒结构已经被破坏，排水性变差。另外，持续施用化肥的土壤中盐分残留较多，不适合栽种月季。这种情况下虽然也可以给土壤消毒或采用换客土（除去旧土后换入新的土壤）的方式，但工作量较大。可以只在种植坑中加入新土，或是把种植坑坑底的土翻到上面来后再开始定植。

长年栽种月季的位置

如果是在长年栽种过的位置再次种入月季，可能会发生忌地现象——在同一位置栽种同种植物时产生的连作问题。由于土壤中已经失去了植株所需的养分，所以不进行壤改良处理的话很难种好月季。

此外，如果是较狭窄的花园，植株间距可能过小，植株可能因日光照不足而发育不良。这种情况下最好先用花盆把植株养大后再定植到花园里。

大苗 定植

长出芽和叶片的丰花月季'蜜蜂花束'。▼

没有长出芽的杂交茶香月季'林肯先生'。▼

▲长出芽的植株的根系也发育良好，可见白色根系形成的根坨。

▲裸根苗。如不能马上定植话应注意保湿。

10月定植

年内成活，适合新手种植

9月下旬至10月（暖冬时最晚到11月）定植后，花苗会长出新芽并发出花蕾。由于这样的花苗在气候变冷之前已经开始扎根和生长，所以不能剪芽剪枝，也不能摘叶。新芽在定植1个月后长度可达20cm左右。四季开花的品种如果发出花蕾，将花蕾摘除即可。发出花蕾的枝条会比较强壮结实，做好了过冬的准备。迎来初霜时植株开始进入休眠期。气候变冷后，较弱叶片的养分也会回输到枝条中。这时新枝也已经长成，可以抵御冬季的寒冷了。

种在高盆中销售的秋季大苗

芽已经开始萌动的植株　新芽已经变长且叶片已经展开的植株的根也已经开始生长了，这种情况下从盆中脱出后不要打散根坨，直接栽种。

芽尚未开始生长的植株　由于这时根系还没有开始生长，所以可以打散根坨抖落原土后栽种。

2月定植

11月至次年2月下旬定植时需要做防寒保护

如果在降霜后再定植，则在春季到来前根系不会生长。这种情况下，如果没有采取防寒措施，枝条可能会因受冻而出现红褐色或褐色伤痕，或因过干导致枝条萎缩，或出现枝条中心的茎髓变为茶褐色等情况。还有可能导致植株不发芽或发出的芽柔弱枯死的情况，这时即使有部分植株活下来，也较难恢复长势。

这里是重点 大苗的定植期

这里介绍了在秋季10月或冬季2月定植的方法，实际上大苗在10月至次年3月都可以定植，在这个时间段内因苗的状态和具体的时间不同，定植需要注意的事项也稍有不同，只要相应调整定植方法即可。

定植方法　适宜时期：9月下旬至次年3月

材料与工具

底肥（腐熟堆肥5L、油粕200g、钙镁磷肥200g、硫酸钾100g）、支架、纸绳、铁锹等

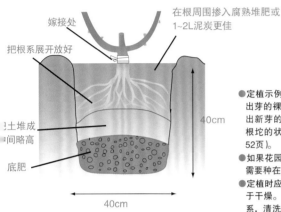

嫁接处

把根系展开放好

在根周围掺入腐熟堆肥或1~2L泥炭更佳

土堆成中间略高

底肥

40cm

40cm

● 定植示例中的大苗为没有长出芽的裸根苗。对于已经长出新芽的大苗，应在不打散根坨的状态下定植（参见第52页）。

● 如果花园排水效果较差，则需要种在高畦上。

● 定植时应注意不能让根系过于干燥。不要清洗或修剪根系，清洗或修剪造成的伤口很容易让病原菌侵入。

这里是重点！　定植前先整理好土壤

在11月以前把要定植位置的土壤整理好，这样苗买来后可以直接种植。

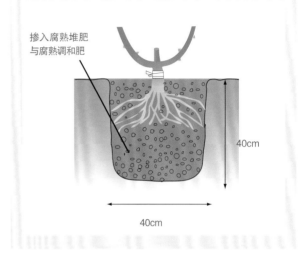

掺入腐熟堆肥与腐熟调和肥

40cm

40cm

---

1 挖坑

在以前没有种过月季、日照好的位置挖深度和直径都约为40cm的坑。

2 加入堆肥、油粕、硫酸钾

加入钙镁磷肥后再放回少量没有掺肥的园土。

在坑中加入腐熟堆肥、油粕、硫酸钾，并充分混合。

3 加入钙镁磷肥

加入钙镁磷肥后再放回少量没有掺肥的园土。

4 摆好植株

舒展根系，摆好植株位置，使根向各个方向自然伸展，并与土尽量贴合。

5 回填土壤

用园土覆盖根系。

6 踩实土壤

用脚踩实土壤，动作要轻柔，尽量不要伤到植株和根系。

---

7 围出水坑

将土在植株周围堆高一些，围出水坑。

8 充分浇水

轻缓地浇足水。

9 重复浇水两三次

待水完全渗入后再次浇水，重复两三次。

10 培土

在植株周围培土。

11 斜搭支架

为了避免风吹伤苗，斜向插入支架，并用纸绳捆绑固定。纸绳和竹棍半年左右就风化了，可以自然降解。

完成定植。

☻ 秋季定植后的养护要点 适宜时期：定植后至次年2月

病虫害防治

植株发出新芽后需要注意病虫害状况。发现害虫要及时去除，且为了预防病害需要施用杀菌剂（详见第49页）。

浇水尽量不要浇在叶片和枝条上

刚定植后的时期，只要地表发干就要再浇水。由于气温较低，注意浇水时不要浇在叶片或枝条上。

☻ 大苗的冬季防寒法

适宜时期：12月至次年3月上旬

在降雪地区需要做防寒保护

秋季到冬季定植的大苗，如果处于有可能发生霜降的环境中则要做过冬防寒保护。

用土遮盖

定植后的大苗

☻ 修剪秋季长出的枝条 适宜时期：1月下旬至2月下旬

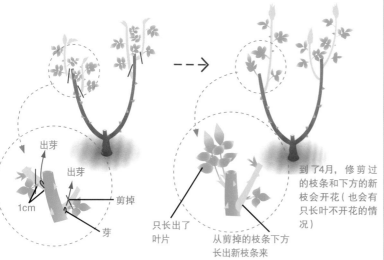

出芽

出芽

1cm

剪掉

芽

只长出了叶片

从剪掉的枝条下方长出新枝条来

到了4月，修剪过的枝条和下方的新枝条会开花（也会有只长叶不开花的情况）

用3根木棍将大苗呈圆锥状围住。

用无纺布将整体包裹起来（较薄的无纺布需要包裹两层）。

将上方2/3的部分用绳子固定好，下方不捆绑，以便管理。

新苗 定植 适宜时期：4—6月

不打散根坨，立起支架

尽量挑选日照、通风、排水良好的位置种植。充分翻耕土壤后挖好种植坑。此时根系正处在生长期，所以不要打散根坨，直接定植。注意一定要插入木棍等固定嫁接砧木，否则如果因风吹等造成植株松动会影响扎根。

定植后的养护管理

刚定植后的一段时间里需要充分浇水，而后观察土面，干燥时浇水。

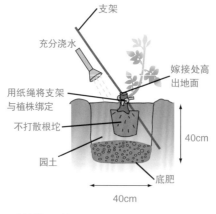

支架

充分浇水

嫁接处高出地面

用纸绳将支架与植株绑定

不打散根坨

园土

底肥

40cm

40cm

材料与工具

底肥（腐熟堆肥5L、油粕200g、钙镁磷肥200g、硫酸钾100g）、支架、纸绳、铁锹等

这里是重点！

开花苗的定植方法与新苗相同

如果购买了开花苗想要马上定植在花园里，也像新苗那样不打散土坨定植。

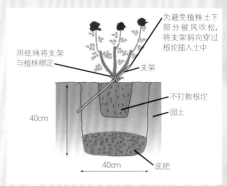

为避免植株土下部分被风吹松，将支架斜向穿过根坨插入土中。

用纸绳将支架与植株绑定

支架

不打散根坨

园土

40cm

底肥

40cm

材料与工具

底肥（腐熟堆肥5L、油粕200g、钙镁磷肥200g、硫酸钾100g）、支架、纸绳、铁锹等

其他定植要点

详见第 62 页大苗定植的相关内容。

❀ 开花苗在花后定植　　适宜时期：6—8月

春季购买的开花苗在赏过花后如果想定植在花园里，注意不要打散根坨，因为此时植株处于生长期。定植后的养护管理参照大苗的养护方法。

材料与工具

底肥（腐熟堆肥5L、油粕200g、钙镁磷肥200g、硫酸钾100g）、木棍、纸绳、铁锹等

直径40～50cm、深40cm的种植坑中施入底肥，并少量回填园土。

开花后的杂交茶香月季'月影'植株。将植株从花盆中脱出，维持根坨的状态摆放好位置。

在根坨周围回填园土后，轻柔地充分浇水。

水完全渗入后在根部周围培土。

为防止大风吹动植株，用木棍斜插过根坨并用纸绳绑定。

❀ 移栽　　适宜时期：12月至次年2月下旬

接下来将介绍已定植多年的直立株型月季的栽移方法。移栽后可进行冬季修剪。

材料与工具

土壤改良介质（腐熟堆肥或泥炭）5L、修枝剪、铁锹等

移栽后的养护管理

如果连日天气干燥，需要适当浇水。芽长到1cm左右长时，在距离植株底部20cm处施肥，用量为冬肥的1/3～1/2（腐熟堆肥1.5～2L、油粕100g、钙镁磷肥100g、硫酸钾50g）。由于移栽后植株受损了，因此要将成活作为优先考虑因素。

移栽前
定植后第2年的杂交茶月季'欢快'。

在目标位置挖较大的种植坑（最好是比原植株根坨大一圈的坑），施用堆肥等土壤改良介质。

为了避免伤到根系，要尽量挖取大一些的根坨，从距离植株底部30cm左右的位置开挖。

把铁锹伸进根坨下方，小心地挖出植株。

抖落根坨上的土，剪除受伤的根。

把老枝、枯枝、软弱的枝条从底部剪除后再修剪开头茬花的枝条。

起来的植株。在栽种先完成修剪。

观察挖起来的根系状态，如果生长状况良好，则保留两三个芽，在常规的位置剪断。

如果生长状况不佳，则要在比常规修剪位置低一些的地方重剪。

修剪完成后剩1/2左右的枝条。

移栽后
栽入已经准备好的种植坑中，充分浇水，待水完全渗入后把土面培平。

2 3—9 月的养护工作

为了让月季开出美花，需要从发芽期开始仔细观察植株的生长状况，以便及时采取相应的措施。接下来将介绍从早春到秋季的养护工作。

☺ 去芽

让养分集中在强壮的芽上

植株通常会在同一处长出3个芽，大多数时候只有中间的芽会长大，但有时也会发生中间的芽不长但左右各生发1个芽的情况。如果2个芽同时发育，会长成2根较弱的枝条，这种情况下需要去掉其中的1个芽，让养分集中在剩下的那个芽上。

同一处发出2个芽。　　用手摘除其中的1个芽。

☺ 去除砧木芽

及时去除底部的砧木发出的芽

种植嫁接苗时，有时会从植株底部长出砧木芽。这是从原生野蔷薇砧木上发出的芽，大多叶片较小（7～9枚小叶），且颜色较浅，从形状上可以明显看出区别，很好分辨。如果放任砧木芽继续生长，则会夺取养分，导致嫁接的枝条无法健康生长，所以一旦发现这种芽，要从底部去除。

从原生野蔷薇砧木上发出多个芽来。　　深挖，尽量从底部彻底去除。

☺ 病虫害防治

自3月下旬起就要开始关注

3月下旬时大部分植株都已经开始出芽了，此时要密切关注新芽上是否有蚜虫及是否出现病虫害征兆等。通过日常观察，可以及时发现并采取相关防治措施，减少损失。

植株陆续长出新芽，注意防范病虫害。

☺ 开花调节

去除两成花蕾

作为园丁，虽然希望植株能同时开出尽量多的花来，但同时开花对植株的消耗也是非常大的。为了避免过度消耗植株的养分，趁花蕾还很小的时候就要尽量摘掉一些，将花期错开一周。

10 月定植到花园里的大苗生长状况

这里介绍将四季开花品种的大苗在 10 月定植后每个月的生长状况。

10月 →	11月 →	12月 →	第2年1月 →	第2年2月 →	第2年3月 →	第2年4月 →
定植						
修剪后马上定植	11月下旬停止生长	开始休眠	冬季修剪	芽开始稍稍膨大	芽萌发，到下旬叶片陆续展开	叶片展开，长出花蕾

保留1cm剪断

马上出芽
无肥料的土
底肥（堆肥+调和肥）

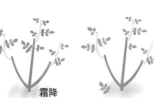

霜降
已经发芽及长出新根，处于成活状态，植株可以抵抗寒冷

疏剪过密枝条

保留粗壮枝条并摘心

对于同一基枝上发出多根新枝的植株，需要适当清除枝条，使阳光可以照射到植株的中心区域。

③去除留下的粗壮枝条顶端的2～3片叶（摘心）

②将剩余2根枝条中较细的那根去除

①去除侧枝

按照①→②→③的顺序操作

剪掉残花

尽量轻剪以促进下一茬花

为了让精心培育的花朵尽量保持最好的开花状态，需要从植株整体的角度考虑，把已经开始凋谢的花及时剪掉。

四季开花品种的开花习性

● 剪掉残花约40天后再度开花（气温较高的夏季约30天，凉爽的秋季约45天）。

● 植株有保证开花枝充足吸水的习性，因此在花开始凋谢时修剪可以有效促进后面的花芽萌出。

● 在离花朵较近的位置剪断，出芽会比较快。反之如果在花枝下方修剪，则出芽较慢。

【尽快复花的修剪方法】
保留较长的花枝，从花朵下方2枚叶的位置剪断

【常规的修剪方法】
在开花枝的中央位置，较大的5枚叶的上方剪断

前一年冬季修剪的位置

发出的两个新芽只留一个

剪掉残花后如果在相同的位置同时发出了2个新芽，应在芽长到5cm时去掉其中一个。这样即使是梅雨季节，也可以保证较好的通风效果。

这里是重点！ **通过摘心促进新枝生发**

用手捏住最上方的3枚叶片摘除

摘心是指摘除枝梢的操作。去除顶梢后，叶腋处会发出新芽，有助于促进枝叶生长，让植株在整体长高的同时长将更强壮。

对于四季开花的品种来说，摘蕾也可以看作是摘心。通过摘蕾可以避开最消耗能量的开花过程，是让植株强壮起来必不可少的环节。

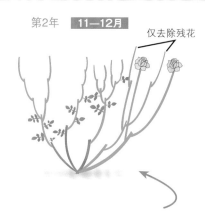

第2年 **11—12月**

仅去除残花

第2年 **10月**

去除腋芽

第1次摘心

月季园专家传授最实用的栽培技巧

| 第2年5月 → | 第2年6月 → | 第2年7月 → | 第2年8月 → | 第2年9月 |

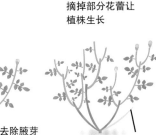

中下旬开花

去除腋芽

摘掉部分花蕾让植株生长

基枝摘心（趁花蕾尚小时从上方第3节的位置）

第2年8月
夏季修剪

在长枝条的第3级分枝上修剪或剪掉残花

新枝摘心

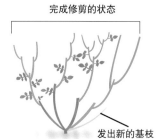

完成修剪的状态

发出新的基枝

为了让读者更好地理解枝条的生长状况，此处省去了部分叶片。

☺ 新苗摘心

摘除花蕾让植株尽快强壮起来

　　春季定植的新苗通常会长出花蕾并开花，从植株整体的生长状况考虑，需要摘蕾、去除枝梢的芽，即摘心。

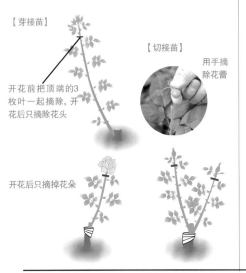

【芽接苗】

开花前把顶端的3枚叶一起摘除，开花后只摘除花头

【切接苗】

用手摘除花蕾

开花后只摘掉花朵

☺ 大花品种摘蕾

让花开得更大些的打理方法

　　对于杂交茶香月季等大花品种来说，如果想让花开得更大更好，应把在同一处发出的花蕾只留中间的一个，其余的侧蕾都摘除。除了留中间的花蕾这种方法外，还有一种方法是留相对较大的花蕾，但通常要等到确认大花蕾可以开花时再将其他稍小的花蕾去除掉。

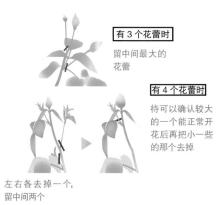

有 3 个花蕾时

留中间最大的花蕾

有 4 个花蕾时

待可以确认较大的一个能正常开花后再把小一些的那个去掉

左右各去掉一个，留中间两个

☺ 盲枝处理

剪除盲枝枝梢

　　盲枝是由于光照不足、温度变化等原因导致的无法形成花芽的枝条。越是强壮的植株越不容易出现盲枝，所以首先要确保让植株生长健壮。但出现盲枝并不一定就是坏事，这也可能是植株自我调节起作用的自然现象。如果没有较长的盲枝，可以把枝梢摘除以节省植株的能量消耗。

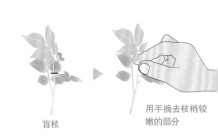

盲枝

用手摘去枝梢较嫩的部分

摘心后长出的两根嫩枝留其一

　　盲枝摘心后会长出两根新枝条，需要摘除其中一个。保留下来的枝条叶片增多并长成开花枝，摘心1个月后开花。

盲枝摘心后长出的两根枝条

去掉其中比较柔弱的枝条

☺ 二茬花、三茬花剪残花

二茬花在较大的叶片上方剪断，三茬花只剪掉花朵

　　修剪二茬花的方法与头茬花相同，即在花枝的中间部位选较大的叶片的上方剪断。

　　三茬花花后会马上迎来夏季修剪期，所以仅剪去花朵即可。

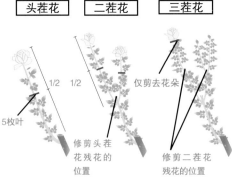

头茬花　　**二茬花**　　**三茬花**

1/2　　1/2　　仅剪去花朵

5枚叶

修剪头茬花残花的位置

修剪二茬花残花的位置

2月定植到花园里的大苗生长状况

接下来将介绍四季开花品种的大苗在 2 月时定植到花园里的生长状况。

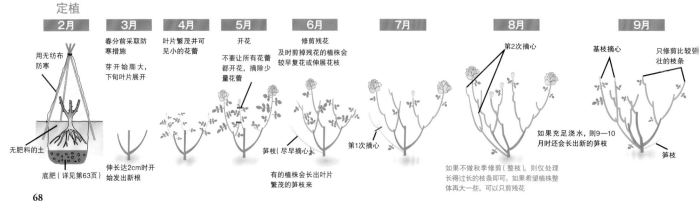

定植

2月

用无纺布防寒

无肥料的土

底肥（详见第63页）

3月

春分前采取防寒措施

芽开始膨大，下旬叶片展开

伸长达2cm时开始发出新根

4月

叶片繁茂并可见小的花蕾

5月

开花

不要让所有花蕾都开花，摘除少量花蕾

笋枝（尽早摘心）

有的植株会长出叶片繁茂的笋枝来

6月

修剪残花

及时剪掉残花的植株会较早复花或伸展花枝

第1次摘心

7月

8月

第2次摘心

如果充足浇水，则9—10月时还会长出新的笋枝

如果不做秋季修剪（整枝），则仅处理长得过长的枝条即可。如果希望植株整体再大一些，可以只剪残花

9月

基枝摘心

只修剪比较强壮的枝条

笋枝

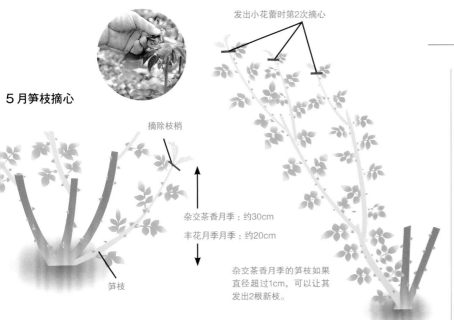

发出小花蕾时第2次摘心

5月笋枝摘心

摘除枝梢

杂交茶香月季：约30cm

丰花月季月季：约20cm

笋枝

杂交茶香月季的笋枝如果直径超过1cm，可以让其发出2根新枝。

☺ 笋枝摘心和浇水

在开花前摘心

笋枝指从植株基部发出的强壮新枝，是打造良好株型的重要枝条。四季开花的品种从5月开始摘心，之后长出的新枝则视强壮程度留一两根。

一季开花的品种原则上不用摘心

一季开花的品种（藤本月季、古老月季、英国月季等）原则上不用摘心，任其生长。四季开花的藤本月季叶片数量较少，可以让枝条长到约1m长，如发现花蕾最好摘除。

枝条生长时要充分浇水

笋枝开始生长时经常是持续干燥的天气，所以地面发干时就要每两三天向植株基部充分浇一次水。特别是对于刚定植两年的植株来说，浇水非常关键。开头茬花期间新枝不发育，等到花后或只剩零星几朵花的时候长出新枝最为适宜，因此，可以用施肥来适当调整生长节奏。

☺ 部分古老月季整枝

8月下旬剪枝，不做冬季修剪

一季开花的古老月季在春季仅需剪去残花。修剪时按照恢复原来株型的思路，对于花后长出的枝条，将开过花的花枝在1/3～1/2处剪断，不用再进行冬季修剪。这样从夏季剪过的花枝上会发出枝条，并在次年春季开花。

☺ 扫帚状开花枝的处理

让新枝长出、增加叶片

笋枝如果不摘心直接放任生长，会在枝梢呈扫帚状开花。这种情况下可以剪掉花朵，让新枝生长，增加叶片，促发秋花。

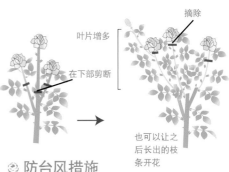

摘除

叶片增多

在下部剪断

也可以让之后长出的枝条开花

☺ 防台风措施

用支架临时加固

台风季，地栽的植株可能会因强风猛吹而受损，需要采取相应的防护措施。可以立起支架，把枝条捆绑在支架上。但日常可让植株尽量习惯吹风以增强耐受性，因此平时不用搭建支架。当然，通过控肥和控水来提高植株的耐受力也很重要。此外，台风过后应仔细清洗植株并喷杀菌剂以预防病害。

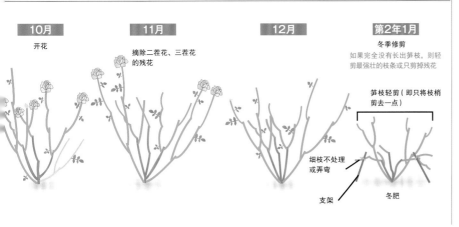

10月	11月	12月	第2年1月
开花	摘除二茬花、三茬花的残花		冬季修剪

如果完全没有长出笋枝，则轻剪最强壮的枝条或只剪掉残花

笋枝轻剪（即只将枝梢剪去一点）

细枝不处理或弄弯

支架

冬肥

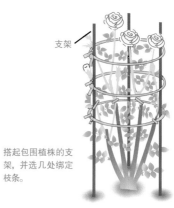

支架

搭起包围植株的支架，并选几处绑定枝条。

3 施肥

植株在生长时会吸收自身通过光合作用合成的有机物，并从土壤中汲取各种营养成分，施肥可以补充这些营养成分。因此，要以植株的自然生长能力为基础，在适合的时间为植株施用合适的肥料。

◎ 正确的施肥方法

切实施底肥和冬肥

在定植时一定要施底肥。在此基础上，还要在冬季植株休眠时施冬肥，因为月季需肥量大。不过，如果种在花园中，完成定植后只需要施冬肥，其他时候并不需要过多施肥。只要把冬肥施好就足以让植株健康生长，开出美花来了。

过度施肥会造成发育不良

过度施肥会造成植株柔弱、易染病害，还可能导致花形不规整、无法正常开花、新枝发出节奏紊乱等各种负面影响。

如果是在日照、通风、排水等条件良好的状况下，只需要施冬肥即可以保证植株健康生长所需要的养分。

◎ 冬肥的施用方法

适宜时期：12月中旬至次年2月上旬

在休眠期施有机冬肥

冬肥可以在花苗的休眠期缓慢分解到土中，并在春季的生长期开始逐渐发挥作用。植株的根系在2月开始萌动，所以最晚要在2月上旬之前完成施肥。

最好使用有机肥料或调和肥

冬肥宜选择肥效稳定长久的肥料，以补充植株全年所需的养分（氮、磷、钾三大元素及其他微量元素）。此外，施肥时需翻耕土壤，可改善排水性和保水性。

氮是枝叶生长所需的，但如果过多会造成植株过于高大、柔软。磷是花、果实、根生长所需的。钾不足会导致叶片黄化及开花延迟等问题。

调和肥是使用有机肥料发酵而成的肥料。肥效可以稳定地长时间发挥，适合作为冬肥使用。

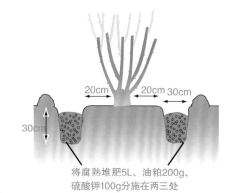

将腐熟堆肥5L、油粕200g、硫酸钾100g分施在两三处

按照挖开的肥坑数量平均放入冬肥。发育不良的植株、微型月季，肥料总量应减少1/3 ~ 1/2。

这里是重点！

堆肥一定要选择完全发酵的腐熟堆肥

堆肥通常是用牛粪、马粪、鸡粪等家畜粪便与锯末、秸秆混合后发酵而成的产物。无论选择哪种堆肥，一定要使用已经完全发酵、分解的腐熟堆肥。未腐熟的堆肥在土壤中分解时会发出气体等，给植株的生长带来负面影响。

以家畜粪便为原料的堆肥中最适于月季栽培的是纤维含量较高、兼顾土壤改良效果的马粪堆肥。

 叶片呈黄白色说明肥力不足吗？

叶片的一部分褪色呈黄白色，生长也不好，是肥力不足造成的吗？

 施肥 问&答

答 可能是白化（缺乏叶绿素 = 缺绿病）。

可能是肥力不足所致，也可能是微量元素不足而无法形成叶绿素，导致不能正常吸收氮而停止生长呈现出来的白化。缺镁或铁，钙过多或过少都有可能引起白化。如果是地栽，也有可能是井水的原因或是使用石灰等改良土壤时造成的。用pH值偏高的水浇盆栽苗也容易发生这种情况（月季喜弱酸性水）。如果出现这种情况，应在生长期将1/3小勺（约2g）硫酸钾与发酵油粕的固体缓释肥一起施用，每月进行一次。

 叶片边缘焦黄了是什么原因？

叶片的边缘焦黄，植株不再发出新芽，这是怎么了？

材料与工具

底肥（腐熟堆肥5L、油粕200g、钙镁磷肥200g、硫酸钾100g）、铁锹

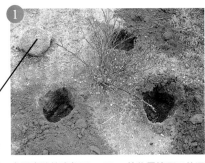

1

如果植株周围铺有草坪，在挖坑时应将约5cm高的土层铲开。施过肥后重新盖回原处，让草坪生根且和周围自然结合起来。

在距离植株底部20～30cm的位置挖两三处深约30cm的坑（这里按照挖3个坑介绍）。

（腐熟堆肥）（油粕）（钙镁磷肥）

硫酸钾

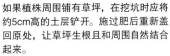

2 加入1/3腐熟堆肥。

3 分别加入各1/3的油粕、硫酸钾。

4 用铁锹充分混合。

5 加入1/3钙镁磷肥。

6 回填土壤。其他2个坑操作同上。

7 如果挖坑前将地表的草坪削起5cm左右备用，则最后将这块草坪盖回，并尽量踩实，使其与周围融合。

8 将植株周围清理干净即完成。

月季园专家传授最实用的栽培技巧

 有可能是化肥过多造成的。

由于化肥中盐类含量较多，如果过量施用就可能出现生长障碍，造成叶片的边缘变黄且不再发出新芽。为了增加有助于土壤排水和保水能力的有机微生物，可以加入腐熟的堆肥等有机肥料。

 无法挖坑的情况下该怎么施冬肥？

在月季的周围已经栽种了春季开花的球根植物，无法挖坑施冬肥。有没有其他施肥方法呢？

 建议将调和肥等覆盖在植株基部。

春季开花的球根植株在冬季尚未长出地表，宜采用在植株底部周围覆盖调和肥的方法，也可以把100g油粕盖在植株底部后再用腐熟土覆盖起来。对于植株周围无法挖坑的情况，用这种方法也可以起到充分施肥的效果。虽然用此法植株的生长可能会稍慢，但也足够满足植株所需。

每株约施5L调和肥。这种情况下不需要再加其他肥料。

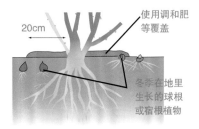

20cm

使用调和肥等覆盖

冬季在地里生长的球根或宿根植物

4 修剪

对于直立型品种来说，要剪掉没有用的枝条以促发新枝，通过植株更新促成更好的开花效果。

☺ 为什么需要修剪？

"修剪"简单来说指"剪掉枝条"。月季即使完全不做修剪，也可以在生长几年后开花。但不修剪的植株在花期到来时开出的花会相对弱小一些，花瓣也会少一些。而且枝条过密，会造成植株基部和植株内侧光照差、通风不好。这样不仅无法开出好看的花，植株本身也无法保持健康，导致加速老化。

修剪的目的

修剪可以说是种植月季过程中最重要的养护作业。通过修剪可以起到翻新植株、改善坐花状况等很多效果。

- ●植株更新　通过剪掉老枝可以有效促发新枝，使植株健壮枝条（也有的品种很难发出笋枝）。
- ●控制株型紧凑　枝条过度生长会造成株型凌乱，通过修剪可以让植株更加紧凑。
- ●让植株内部得到足够光照　通过剪掉老枝和细弱枝可以让阳光顺利到达植株内部，使植株更健壮，从而有效抑制病虫害的发生。
- ●减少花量，让植株开出更大的花　通过减少枝条的数量来减少开花数量，以保证更好的开花效果。要注意避免过度修剪，保留较粗壮的枝条。
- ●尽早开花　如果想尽早开始赏花，可以轻剪（在较高的位置修剪）。如果在较低的位置修剪，则花枝会较短，花朵也会比较小。
- ●增加花量　如果剪得较轻（在位置较高处修剪）且保留较多枝条的话，花会比较小但花量较多。
- ●可以调整花枝长度　修剪会使花枝长得较长，不剪就会较短。

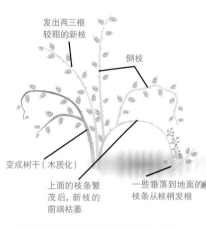

不修剪会怎样？

花越来越小

一旦结出果实则不再长出新枝，停止生长

花枝变短

枝叶过密，植株整体较弱

扫帚状开花增多

四季开花的园艺品种。

发出两三根较粗的新枝

侧枝

变成树干（木质化）

上面的枝条繁茂后，新枝的前端枯萎

一些垂落到地面的枝条从枝梢发根

原种及部分古老月季如果不修剪的话，株型会非常纷乱。

☺ 修剪的类型

包括为春季开花做准备的冬季修剪和为秋季开花做准备的夏季修剪

修剪类型主要包括为春季开花做准备的冬季修剪和为秋季开花做准备的夏季修剪。对于一季开花的古老月季等品种来说，仅需要在夏季整枝即可。

枝条更新的类型和枝条不更新的类型

月季中既有每年从植株基部长出笋枝（粗壮的新枝条）的、经过数年后所有老枝都会更替一遍的枝条更新类型；也有很难发出新的枝条、种植几年后就不再发出基枝、老枝不更新且多年开花的类型。

种植时需要先判断花苗属于哪种类型。如果是种植了4～5年后依然每年从植株基部发出新的枝条，则属于枝条更新类型。如果已经不再发出新的枝条，则属于枝条不更新的类型，应仔细养护老枝以确保每年开花。

枝条更新的类型

笋枝

图片拍摄于冬季，枝条受寒造成表皮发红（即使是绿枝品种也会稍稍发红）。

植株基部。向上旺盛生长，颜色略不同的枝条（红褐色）即为笋枝。

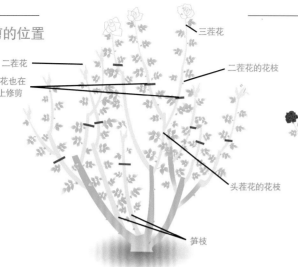

夏季修剪的位置

- 三茬花
- 二茬花
- 二茬花的花枝
- 即使开过三茬花也在二茬花的花枝上修剪
- 头茬花的花枝
- 笋枝

杂交茶香月季

修剪二茬花和三茬花的原则即可

- 基枝

丰花月季

夏季修剪

适宜时期：9月上旬

◎ 夏季修剪的时期

最好在9月上旬前完成

夏季修剪的主要目的是促进植株秋季开花，所以仅适用于四季开花的品种。

夏季修剪因修剪时的气候及光照时间不同，开花的相隔天数也不尽相同。例如，如果在8月15日轻剪，则植株约在1个月（30天）后开花，而9月15日天气还比较热，开出的花比较小，花色也会偏离原本的颜色。如果在早晚转凉、光照时间缩短的9月上旬修剪，即使是早花品种也要在修剪40天后，即10月10日左右开始开花。这多出的10天生长期为花枝和叶片生长创造了条件，因此进入10月后开出的花会又大又漂亮。

如果在9月上旬之后再开始修剪，则会因为气温过低、光照时间较短等原因导致植株易发盲枝。因此，最好在9月上旬前完成修剪。

◎ 夏季修剪要点

修剪二茬花的花枝

基本原则是即使已经开过了三茬花，也要修剪二茬花的花枝。但丰花月季不可剪得过重，可以把二茬花枝和三茬花枝以同样的标准判断即可。这时不需要特意确认芽的位置。

新枝条全部修剪

把新枝条全部修剪一遍，就会在秋季同时开花，打造观赏性强的植株。由于秋季气温较低，所以单花花期较长，相比夏季来说可以开出花色更浓艳的花来。甚至有的品种的秋花比春花更大。

有的品种需要尽早修剪

丰花月季中开花需要天数长的品种需要尽早修剪。修剪应在2～3日内完成。

问 & 答

夏季修剪

（问）因病落叶的植株该如何进行夏季修剪呢？

大苗定植第1年的植株在初夏时节因黑斑病落叶了，只在笋枝和二茬花枝上剩下了零星的叶片，这种情况下该如何进行夏季修剪呢？

（答）提前进行轻剪。

对于因病而只剩少量叶片的植株来说，不能按照常规方法修剪。可以提前到8月中下旬，把所有枝条轻剪一遍。待新芽长出后再用手进行软摘心，这样反复2次后再让之后发出的枝条正常开花。

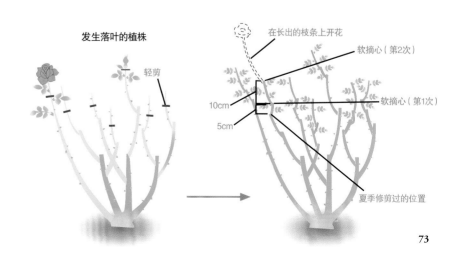

发生落叶的植株

轻剪

在长出的枝条上开花

软摘心（第2次）

10cm

软摘心（第1次）

5cm

夏季修剪过的位置

月季园专家传授最实用的栽培技巧

冬季修剪 适宜时期:2月（部分品种从1月开始）

✿ 冬季修剪的时期

芽开始萌出的两个月之前

冬季修剪是为植株在春季开出又大又美的花而做的重要准备。

2月的严寒期里，植株的根系开始活跃，积极吸水为春季的生长做足准备。到了3月，芽就会开始生长，最好在芽开始生长的两个月前完成修剪。

如果在12月之前就修剪，芽会较早萌动。这种情况下3—4月寒潮来袭会导致长出的芽受冻而阻碍生长。反之，2月修剪后芽不会长得太大，有助于躲过寒潮危害。

✿ 冬季修剪要点

开过头茬花的枝条留2～3节剪断

基本原则是将前一年的开花枝（开过头茬花的枝条）留2～3节剪断。即使没有状态好的芽，也要先按照预想的位置果断修剪。如果等芽已经开始萌动再修剪就时机过晚了，所以1—2月就要尽快着手修剪。

强壮的枝条轻剪，较弱的枝条重剪

根据枝条的强壮程度适当调整修剪位置。强壮的枝条指较早发出的笋枝、顺利生长的粗枝、成熟的坚实枝条等。

不够强壮的枝条指晚夏到晚秋时节生出的笋枝、细枝，以及萌发时间较晚等原因造成的不够成熟的细软枝条等。

✿ 枝条的剪法

在芽上方约5mm处剪断

修剪枝条时在芽上方约5mm处或水平剪断。

✿ 冬季修剪的步骤

先从没有用的枝条剪起

虽然没有一定要遵循的修剪步骤，但建议新手按照①→②→③的顺序来剪，会更容易操作。

①枯枝、细弱枝及病枝
从底部剪除。改善植株内部的光照状况。
②衰弱的枝条及植株内部过密的老枝
从底部剪除。
③前一年的开花枝
已经开过头茬花或二茬花的枝条留下两三个芽（约10cm），从上方剪除。如果是大花品种（包括丰花月季在内），都在头茬花的花枝上修剪。

月季园专家传授最实用的栽培技巧

春季长出的柔嫩新芽

在芽上方约5mm的位置稍斜向或水平剪断。

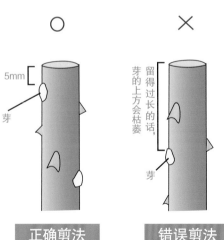

○ 正确剪法

× 错误剪法

5mm
芽
芽的上方会枯萎，留得过长的话
芽

剪断位置离芽过近
切口斜度过大
芽

剪断位置距离保留的芽过近，修剪的时候可能会伤到芽。即使顺利出芽，一些柔软的枝叶也可能会被尖锐的切口碰伤。

各类型修剪标准

每种月季类型具体剪哪根枝条、在哪个位置剪断等都分别有大致的参照标准。如果无法确定怎么剪，可以参考这个标准来决定修剪位置。原则上是在前一年的开花枝（开过头茬花的枝条）上修剪。

以株高为整体参照

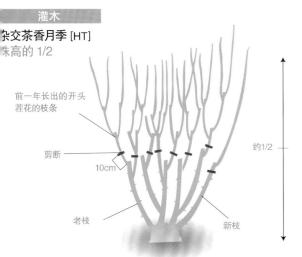

灌木

杂交茶香月季 [HT]
株高的 1/2

前一年长出的开头荏花的枝条

剪断
10cm

老枝 — 新枝

约1/2

开大花的杂交茶香月季品种需要控制枝条数量、稍重剪，整体剪到株高约1/2的位置。先把开始枯萎的枝条和较细的枝条从底部剪除，之后再将前一年开出头茬花的枝条留两三节（约10cm）剪掉上方部分。

半藤本 [S]
株高的 1/2

对于半藤本品种来说，以整体株高的1/2为修剪参考位置。古老月季、英国月季及众多现代月季都属于半藤本类型。

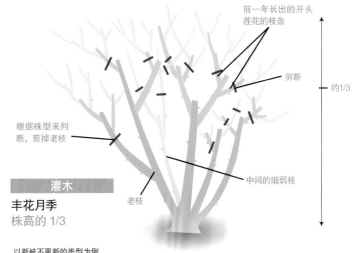

前一年长出的开头荏花的枝条

剪断

根据株型来判断，剪掉老枝

中间的细弱枝

老枝

约1/3

灌木

丰花月季
株高的 1/3

以新枝不更新的类型为例

花量繁多的丰花月季品种应保留枝条，仅进行轻剪，将枝条顶端修剪掉1/3即可。

约1/2

在1/2株高的位置上按照圆形效果来修剪

灌木

微型月季 [Min]
株高的 1/2
（小姐妹月季以剪掉 1/3 株高为标准）

微型月季通常以在约株高1/2的位置剪成弧形为参考标准。但对于株高可达1m左右的小姐妹月季品系，以剪掉上方1/3为参考标准。

半藤本 [S]

一季开花品种
保留新枝

保留所有新长出来的枝条。将未发出新枝的枝条，枯枝等从底部剪除。植株养得较大后，对于可结出很多果实的品种，将前一年开过花并结果的枝条从侧枝（从枝条中部发出的新枝）发出的上方剪掉。留下的枝条不要修剪枝梢。

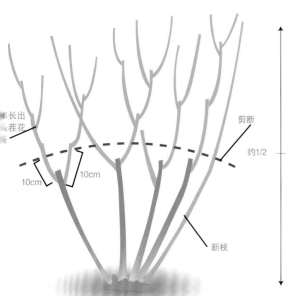

前一年长出的开头荏花

剪断

约1/2

10cm   10cm

新枝

侧枝（从枝条中部发出的新枝）不剪

枝梢不剪

果实

修剪位置

以灌木月季和半藤本月季为例

灌木 1
Bush Rose

接下来，介绍最常见的枝条不更新类型的杂交茶香月季的修剪方法。
通过整理植株内部过密的枝条，改善基部的光照条件来有效促发新枝。

'罗斯·尤米'

枝条不更新的类型

杂交茶香月季'罗斯·尤米' [第3年的植株]

修剪前

株高的1/2

整理过密枝条

修剪要点 由于尚未发育为成株，因此要尽量多保留枝条，定植时的枝条也不要剪。

① **剪掉无用的枝条**

B
A

将枯枝（A）及细弱枝（B）从底部剪除。

② **疏剪过密的枝条**

把内侧交叠的枝条拉开。按分枝的粗细来判断，较细的枝条留1根，较粗的枝条则保留两三根。

③ **控制株高、修剪花枝**

2个芽

观察分枝，由于枝条比较粗壮，所以每个分枝上各留2个芽后剪掉上方。

外芽

由于是直立型品种，应在外芽上方剪断。

主要对象为前一年开头茬花的枝条，按照整体株高的1/2，在外芽上方剪断。红褐色的枝条为比较健壮的枝条（较强壮的笋枝），轻剪；绿色的枝条是定植时的枝条（老枝），稍重剪。

④ **观察植株均衡效果**

最后再观察整体的平衡感，回剪内向枝（朝向内侧生长的枝条）及较弱的枝梢，以确保光照能充分到达植株内侧。

完成修剪后

植株内侧非常清爽，且整体观感均衡，即完成修剪。

芽的生长方式

修剪直立型品种要在外芽的上方剪断。如果是横展型品种，则将内芽和外芽相同处理即可。

外芽
从植株中心视角看，处于外侧的芽。

芽伸展方向

植株中心

内芽
朝向植株中心的芽。

植株中心

灌木 2
Bush Rose

丰花月季会开出很多花来，尽显其魅力。为了可以在相对紧凑的植株上开出更多的花，需要保留较多的枝条，并按照开出较多花的方向来修剪。

开出很多花的类型

丰花月季'魔幻夜色'[第2年的植株]

修剪前

植株上方1/3

后方稍高

整理过密枝条

前方稍低

修剪要点
定植第2年的植株。
将植株从顶部剪掉1/3的枝条，以免破坏原来的株型。

1 剪掉无用的枝条

将枯枝、弱小枝从枝条底部剪除。

2 前方枝条剪得较矮

将植株前方的枝条修剪得较低，使植株可以在较低的位置开花。

3 修剪后方的花枝

完成修剪后

将后方的枝条在较高的位置修剪，主要在前一年开头茬花的枝条上修剪，但为了保留更多枝条，前一年开二茬花的枝条也可以一起修剪。

植株内侧非常清爽，前方偏低、后方较高，形成整体均衡的优美株型即完成修剪。

丰花月季'波列罗舞'(第3年的植株)

修剪前

完成修剪后

植株上方1/3

修剪要点
定植后第3年的植株。由于这是枝条不更新的类型，所以修剪时要注意尽量保留细枝。

先剪除植株底部的老枝、枯枝、弱小枝等无用枝后，将头茬花的枝条留两三个芽（约10cm）剪断。这个品种属于丰花月季中的大花品种，所以主要是修剪头茬花的花枝。

植株内侧非常清爽。预想开花时的状态，剪成半圆形即完成修剪。

灌木 3
Bush Rose

原则上修剪到植株上方 1/3 ~ 1/2 的位置（树型月季的株高从嫁接点算起），整体按照紧凑株型的思路，尽量留下状态较好的枝条。保留部分枝条不是为了直接促进开花，主要是为了植株造型和增加叶片。

`树型月季`

'小特里阿农'

丰花月季'小特里阿农'[第 4 年的植株]

`修剪前`

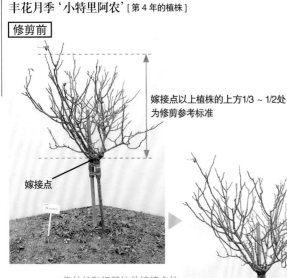

嫁接点以上植株的上方 1/3 ~ 1/2 处为修剪参考标准

嫁接点

将枯枝和细弱枝从嫁接点的底部剪除，枝条密集的位置保留较好的枝条。

2 个芽

2 个芽

枯枝

细弱枝

将好的枝条前后的枯枝和弱小枝从枝条底部剪除，再将剩下的枝条在留 2 个芽的上方剪断。

`完成修剪后`

中央偏高

植株内侧完成整理

植株中间的内侧清理得比较清爽。整体修剪成中间偏高、两侧均衡的效果后即完成了修剪。

修剪要点！ 定植第 4 年的植株。这是枝条不更新的类型，所以需要尽量保留细枝，修剪成中央偏高的形态。

半藤本 1
Shrub Rose

按照微型月季培育的紧凑型半藤本月季（景观月季）耐受性强且具备四季开花的特性，可以从春季到晚秋连续开花。冬季修剪时在剪掉最后一批残花后整理株型。

`可以在修剪的同时剪残花的迷你灌丛`

'仙女'[第 3 年的植株]

`修剪前`

1 月中旬时植株上还留有最后的残花。

1 整体疏剪

按照将植株整体缩小一圈的感觉，从比较密集的中间部位开始向外修剪。

2 剪掉无用的枝条

将枯枝和细弱枝从植株底部剪除。

`完成修剪后`

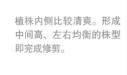

植株内侧比较清爽。形成中间高、左右均衡的株型即完成修剪。

修剪要点！ 用修枝剪修成中心高、边缘低的弧形效果。不用考虑芽的位置，只要在希望开花的位置剪断即可。如果用普通的园艺剪修剪，可以采用从底部开始朝中心方向修剪的方法。

适用同样修剪方法的品种
'水晶仙女''仙后''可爱仙女''可爱的梅安''玫兰薰衣草''柠檬草'

月季园专家传授最实用的栽培技巧

半藤本 2
Shrub Rose

对于超过 2m 高，可以长得很大的品种来说，要在较高的位置调整株高。打造成开花时会因花朵的重量自然向外展开的株型，使植株内部得到充足光照，有助于发出新枝。

会长得较高的英国月季

适用同样修剪方法的英国月季品种
'格特鲁德·杰基尔'
'圣塞西莉亚'
'约翰·克莱尔'

'夏洛特夫人'[第 3 年的植株]

中央的长枝为基枝

以株高的 1/2 或 1m 为参考标准

整理过密的枝条

修剪前

将倒向左右两边的老枝剪除，剪掉留下的枝条上发出的细弱枝等。

❶ 剪除无用的枝条

❷ 调整株高、修剪花枝

将植株剪到1m左右高，侧枝留两三个芽后剪掉上面部分。为了形成较均衡的株型，也可以在内芽处剪断。

完成修剪后

将株高修剪掉一半，植株底部梳理清爽后即完成修剪。修剪后不要忘记清除干净周围的落叶和老枝。

> **修剪要点!** 进口裸根苗定植第3年后约达2m高。将倒向左右两边的老枝剪除，并整理向上生长的新枝，修剪至整体一半（1m）的高度。

半藤本 3
Shrub Rose

株高 1m 左右、较紧凑的英国月季与灌木类型相同，主要修剪前一年开的花枝，以剪掉整体株高的 1/2 为修剪参考标准。如果想体现英国月季的优雅株型，可以将枝条稍留长一些。

较紧凑的英国月季

适用同样修剪方法的英国月季品种
'格拉米城堡'
'快乐孩子'
'艾玛·汉密尔顿女士'

'麦金塔'[第 10 年的植株]

修剪前

残留很多叶片的植株。在修剪过程中需要将留在枝条上的叶片小心地去掉。

❶ 逐根枝条仔细修剪

修剪植株底部比较密集的部分枝条，之后再小心地逐根修剪上部枝条。如果同一处发出多根枝条，则每根枝条留两三个芽后剪去上面的部分。图中左半部分为完成修剪的状态。

❷ 不够强壮的枝条重剪

在冬季修剪时期，颜色（比同株的其他枝条颜色）较绿的枝条为不够强壮的枝条，连同细枝、较软的枝条，都要重剪。

完成修剪后

修整到整体株高的1/2，将头茬花的花枝基本保留后即完成修剪。

> **修剪要点!** 定植第10年的植株。由于这是枝条不更新的类型，所以保留老枝，细枝也尽量保留得较多较长。

半藤本 4
Shrub Rose

四季开花且枝条紧凑繁茂的类型，按照灌木丰花月季的方法修剪。
充分利用老枝，尽量多地保留枝条。

枝条丛生的古老月季
'绿萼'[Ch]、紫花月季[Ch]、'苏菲的永恒'[Ch]、变色月季[Ch]

中国月季月月粉 [第 15 年的植株]

修剪前

如果植株有较多强壮的枝条，可以把横向生长的枝条从底部剪除。

如果枝条过硬，可用手锯小心锯掉，注意不要伤到其他枝条。

与丰花月季相同，按照1/3株高的位置为参考标准修剪。

完成修剪后

以1/3株高为参考标准，基本保留开过头茬花的枝条后完成修剪。

修剪要点!

定植15年左右的植株。如果想要保留古老月季特有的野趣，不用特别纠结具体修剪方法，只要根据整体植株的均衡，保留状态好的枝条进行修剪即可。

从开过花的枝条下面长出多根新的枝条。

花枝

观察枝条长势和芽的生长方式等，以植株均衡生长为原则选择要保留的枝条，留一两个芽剪断。

半藤本 5
Shrub Rose

开花枝呈较大的弧形下垂，枝条上长出多根新枝（侧枝）。

适用同样修剪方法的英国月季品种
'威廉·罗布''卡赞勒克'
'阅读''大马士革玫瑰'

一季开花、枝条较长的古老月季

修剪要点!

新枝全部保留，将没有发出新枝的枝条从植株底部剪除。对于前一年开过花的下垂枝，从侧枝萌发处的稍上方剪断。留下的新枝不剪枝梢。

百叶蔷薇'朱诺' [第 10 年的植株]

修剪前

保留完整的基枝、侧枝

侧枝

将带有花（果实）的枝条从侧枝的上方位置剪断

剪除底部的枯枝等

剩余的开花枝全部留2个芽后剪断。

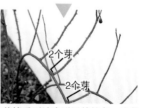

2个芽

2个芽

剪掉垂到地表附近的枝条。这些都是没有发出侧枝的老枝。

完成修剪后

不要剪枝梢

古老月季的修剪要点

古老月季分属于各种品系，不同品种的习性和株型也各不相同。需要修剪的为中国月季和茶香月季，其他品系不一定要修剪。这里介绍主要的品系和其相应的修剪要点。

需要修剪

品系	开花方式	修剪时期	主要品种	修剪方法
中国古老月季 China=[Ch]	四季开花	2月	月月粉、'赫莫萨''苏菲的永恒''变色月季'	按照灌丛类型丰花月季的修剪方法将整体株高剪除1/3左右，保留老枝
茶香月季 Tea=[T]	四季开花	2月	'萨芙拉诺''弗朗西斯·迪布勒伊''樱镜''希灵顿夫人'	按照灌丛类型丰花月季的修剪方法将整体株高剪除1/3左右，注意不要过度修剪
	反复开花	12月下旬至次年1月	'索伯依''藤本希灵顿夫人'	按照藤本月季的修剪、牵引方法打理

视植株状态按需修剪

白蔷薇 Alba=[A]	一季开花	2月	'玛斯玛''塞美普莱纳''天仙''费利西特·帕门蒂埃''普朗夫人''圣日耳曼夫人'	对于'塞美普莱纳'等结果实的品种，要将垂下来的前一年的枝条剪除。对于经常发出新枝的品种，可以将老枝从枝条底部剪除。'普朗夫人'在12月到次年1月间按照藤本品种的方法牵引；各个品种都不要剪枝梢。'费利西特·帕门蒂埃'即使剪到整体株高一半的高度，也可以正常开花
波旁月季 Bourbon=[B]	四季开花	2月	'马美逊的纪念'	按照灌丛类型的打理方法，剪掉株高的1/3~1/2
	反复开花	2月	'奥诺琳布拉邦''维多利亚女王''路易斯·欧迪'	如果株高超过2m，可以剪除一半的高度，但至少要保留1m高
百叶蔷薇 Centifolia=[C]	一季开花	1—2月	'拿破仑的帽子''朱诺'	基本不需要修剪。已经超过3年且向下垂的枝条可以剪除
大马士革蔷薇 Damask=[D]	一季开花	8月上旬	'卡赞勒克''塞斯亚纳''哈迪夫人''约克和兰卡斯特'	将当年新长出来的枝条在株高1~1.3m的高度上修剪掉，再剪掉一些无用的枝条，不用做冬季修剪
法国蔷薇 Gallica=[G]	一季开花	12月至次年2月	'卡马尤''主教黎塞留''查尔斯的磨坊''罗莎曼迪'	'主教黎塞留'可以牵引在宝塔形花架或花格上。其他品种对于长出3年左右且已经下垂的枝条，回剪至发出新枝的位置
杂交长青月季 Hybrid Perpetual=[HP]	四季开花	2月	'努丽娅·德瑞克隆斯''路易十四'	按照半藤本类型的打理方法，剪掉株高的1/3左右，保留老枝
苔藓蔷薇 Moss=[M]	一季开花	2月	'亨利·马丁''威廉·罗布''费利西特·帕门蒂埃'	基本上只需剪掉已经长出3年且呈下垂状的枝条；修剪植株上部时不需要支架，对于株低于1m的枝条不要修剪。'亨利·马丁'可以作为藤本品种牵引，如果不搭支架，则在株高1/2的位置剪断也可以正常开花
	反复开花	2月	'阿尔弗雷德·德达尔马''詹姆斯·韦奇'	只需剪除较老且呈下垂状的枝条
波特兰月季 Portland=[P]	反复开花	2月	A) '香堡伯爵''波特兰公爵夫人' B) '雅克·卡迪亚''雷士特玫瑰'	A组品种需要保留至少1m高。一些品种如果剪掉枝梢会影响春季开花

当作藤本品种牵引在花格或围栏上（适宜时期：12月至次年1月）

波旁月季 Bourbon=[B]	一季开花	'吉卜赛男孩''瑟菲席妮·杜鲁安''波旁女王'	
诺伊赛特月季 Noisette=[N]	四季开花	'阿利斯特·斯特拉·格雷''阿尔弗雷德·卡里埃夫人'	
	反复开花	'拉马克将军''席琳迪·费赖斯''粉红努塞特''马雷查尔·尼尔'	
杂交长青月季 Hybrid Perpetual=[HP]	反复开花	'布罗德男爵''牡丹月季''约翰·莱恩夫人'	如果枝条一味向上生长只会在枝梢开花，应尽量把枝条向水平方向牵引

月季园专家传授最实用的栽培技巧

藤本月季的栽培要点

藤本月季可以在比较狭窄的空间中立体展现，短时间内开出很多花来，非常有魅力。其中有很多品种习性强健，新手也可以顺利养出美花来。

接下来将介绍藤本月季的造型、修剪及牵引的要点。

'藤冰山'

1 挑选藤本月季品种

藤本月季的枝条伸展能力各不同，根据定植位置、造型方式选择合适的品种非常重要。

藤本月季的特点及魅力

耐受性强且易打理，可以在立体空间赏花

藤本月季相比灌木月季来说耐受性强且易打理的品种更多，即使是新手也可以轻松种植，非常有魅力。一些不易养护的灌木品种，枝变为藤本品种后也变得易养护了。

一季开花的品种在二年生枝条的侧枝上坐花。一些品种的枝条可达2m甚至超过10m，便于牵引在拱门、花格、墙面上，打造立体装饰效果。

按照目的选择品种

考虑种植位置、造型方法、管理者等因素

藤本月季的枝条伸展能力*、粗细程度、坚硬程度因品种而异，需要根据造型的具体位置选择合适的品种，同时还要考虑打理植株时是不是要爬到梯子上作业的问题。应根据枝条的伸展能力、环境条件及养护管理的人力条件，选择便于长年种植的品种。

*藤本月季的伸展能力指从成株（定植后2～3年）的笋枝每年生长的长度。

藤本月季的种类

藤本月季除现代月季的藤本品种外，还有其他类型的品种，可以把这些综合起来选择。

藤本类

花朵大小包括大花类、中花类、小花类，开花方式也有一季开花和四季开花等。其中还包括灌木品种和灌丛品种的枝变品种。

品种示例 '艾伯丁' '安吉拉' '基尤' '新雪' '西班牙美人' '新黎明' '龙沙宝石' '藤本金兔' '藤本笑脸' '藤和平' '藤本历史' '藤本小伊甸园'

蔓枝类

枝条较细，垂枝株型。初期向上生长的枝条很快就会向下垂，呈横向扩展式生长，有的品种可以伸展至7～10m。

品种示例 '阿兹玛赫德' '布鲁' '花旗藤' '阿尔贝里克' '多头桃红' '弗朗索瓦·朱朗维尔'

半藤本类

初期直立的枝条之后柔缓伸展，在上方下垂呈拱形。通过修剪得比较矮来降低株高的话也可以有很好的造型效果。

品种示例 '粉天鹅' '春风' '薰衣草之梦'

其他

对于一些枝条延展能力较强的英国月季和古老月季品种，也可以作为藤本月季来造型。

品种示例 '格拉翰·托马斯' '黄金庆典' '索伯依' '波旁女王'

拱门
Arch

可以根据拱门大小选择相应攀缘能力和坐花能力的品种。如果是花园小路上的小拱门，可以选择枝条可伸展达2～3m的品种。

适用拱门的品种 '美利坚' '鸡尾酒' '科*特' '夏雪' '藤本橙色梅兰迪娜' '藤本金兔' '藤本樱霞' '藤本圣火' '藤本历史' '龙沙宝石' '波尔卡' '达·芬奇'

拱门上面攀爬着'夏雪'，右侧是把古老月季'拉塞拉纳'自然搭在拱门上的造型效果。

造型方法

冬季牵引时的状态。上方的枝条多留一些，打造出拱门上蓬松开花的效果。

为了让花分布得比较密实，将新枝呈S形牵引在老枝之间。在植株底部用一些较短的枝条覆盖，就可以打造出非常漂亮的效果来。

'安吉拉'的伸展能力很强，十分适合用在拱门或花格上。

'龙沙宝石'开满花柱的效果。

花柱与宝塔形花架
Pole & Obelisk

很难发出新枝的'藤本金兔'，每年都在老枝上开出很多花来，非常惊艳。

花柱和宝塔形花架可以有效利用狭小空间。根据花柱或宝塔形花架的大小，挑选枝条柔软、便于缠绕的品种。如果是小型的宝塔形花架，一些半藤本性的古老月季也可以有很棒的表现。

适用花柱、宝塔形花架的品种

'阿托尔99''超级埃克塞尔萨''藤本橙色梅兰迪娜''藤本泰迪熊''藤本德国白''黄油硬糖''龙沙宝石''响宴'

将新旧枝条均衡缠绕在宝塔形花架上。

将'藤本德国白'横向弯曲牵引会有更好的坐花效果，可以将其枝条螺旋盘在花柱上。

将枝条细软的品种牵引在较小的宝塔形花架上。

颜色纯正的红色月季'大城市'攀爬在栅栏上方，顶端被修剪成流畅的曲线。

把'白色梅兰迪娜'牵引在栅栏上，从外面看也效果出众，为每位路人带来赏心悦目的风景。

花格与栅栏（花屏）
Fence & Trellis

利用花格和栅栏种植藤本月季，可以根据所选位置的大小选择适合的品种。枝条柔软的蔓枝品种也是不错的选择。

适用于栅栏的品种 '美利坚''安吉拉''鸡尾酒''挚爱''科莱特''藤本橙色梅兰迪娜''藤本金兔''樱霞''藤本圣火''龙沙宝石''波尔卡''达·芬奇'

人气颇高的'龙沙宝石'的枝变品种'白色龙沙宝石'。花朵稍朝下方开放，非常适合搭配较大的花格。

'永恒蓝调'枝条伸展状况好，如果植株比较健壮，秋季也会开出美花。

墙面
Wall

适合栽种枝条较长、坐花效果好的品种。可以在墙面上拧进螺丝或打入钉子，再拉上铁丝，把枝条牵引上去，就能实现覆盖墙面的效果了。

适用于墙面的品种 '瓦尔特大叔''约克城''西班牙美人''藤冰山''藤本金兔''新黎明''波旁女王''波尔卡''达·芬奇'

从阳台向下伸展的'西班牙美人'。

紧贴墙面攀爬的'波旁女王'。

坐花状况好的红色藤本品种'瓦尔特大叔'。

沿着房子的外墙拉起铁丝，将纯白色的'藤冰山'牵引其上，把前方的草花衬托得更加夺目。

2 定植和生长过程中的养护

藤本月季的花苗与直立株型的灌木月季的花苗销售期相仿。定植方法也基本相同，只是养护过程中需要搭建支架。

☺ 选苗方法

大苗、新苗及长枝苗

藤本苗也有大苗和新苗之分，详见第44页介绍的花苗挑选相关内容。

古老月季及半藤本性、藤本性的四季开花品种还有在花盆中立起支架支撑的长枝苗销售。这是将大苗或新苗又培育了一个夏季的苗，枝条在数量较少的状况下会伸展得更长（搭支架有玫瑰月季的枝条伸展）。

☺ 定植方法及其后的养护管理

定植方法与其他品系相同，定植后需要相应的养护管理

大苗 盆栽定植方法详见第54页，地栽定植方法详见第63页。立起多根2m高的支架，将春季长出的枝条竖直牵引在支架上，这些枝条来年会坐花。

新苗 盆栽定植方法详见第56页，地栽定植方法详见第65页。定植时立起长2m左右的支架，把枝条绑定在支架上，让枝条沿着支架竖直向上生长。如果是四季开花品种，在新枝上发现花蕾应及时摘除。此时如果放任开花，会造成植株生长迟缓。

长枝苗 定植方法与开花盆苗的相同，详见第64页。为植株底部的枝条加上短支架，并立起长2m左右的支架以便打理。6月以后会发出新枝。冬季修剪时将定植时的枝条与支架固定的位置剪断，再牵引到围栏等处。

仅需施底肥和冬肥

定植时施过底肥后，仅需在冬季施冬肥。施肥相关内容详见第70页。

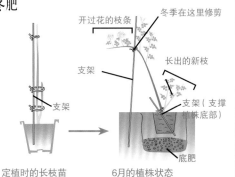

定植时的长枝苗　　6月的植株状态

长枝苗
枝条较长，特点为根系与土壤已经充分结合，定植后发育状况较好。适合希望尽早开花的人入手

☺ 生长过程中的养护

第1年养壮植株，第2年开始赏花

藤本月季出芽早，有些品种甚至在4月上旬就已经开花了。在定植的第1年最好集中精力养壮植株，从第2年再开始赏花。养护工作主要为病虫害防治和开花后的打理。

剪掉残花

各品种的坐花方式不尽相同，但都需要尽早剪除残花。如果不剪残花，花的重量会把枝条压弯，容易诱发病虫害。一些容易结果实的品种还会因为结果而消耗过多养分，更应尽早剪去残花。如果想要欣赏果实，就不用剪残花，但如果所有的枝条都结果的话，第2年的坐花状况会受到影响。

一季开花品种
如果不需要结果，可将花枝修剪掉一半。

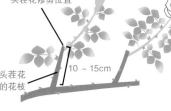

四季开花品种
花枝留10～15cm。有时一年内可以反复开花两三次。

'新雪'
及时修剪可开花两三次

头茬花修剪位置

头茬花的花枝

10～15cm

'艾拉绒球'
修剪头茬花的残花

花谢后按照顺序将花簇剪除

修剪二茬花的残花

将花簇剪除

花后长出的新枝的处理

对于花后长出的新枝，如果是蔓生性的，只要枝条下垂就要做相应牵引。其他品种则搭好支架，让新枝沿支架竖直伸展。

病虫害防治 详见第49页的内容。

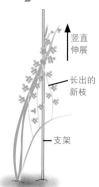

竖直伸展

长出的新枝

支架

3 修剪与牵引

通过有效的修剪和牵引,可以让藤本月季开出大量美花来。

☙ 修剪与牵引基础

12月下旬到次年1月上旬进行

藤本月季的修剪与牵引是为了让植株内部得到足够光照,以开出更多的美花来。

藤本月季较直立型月季发芽早,所以修剪和牵引作业要在1月上旬前完成。如果过晚修剪,新芽已经开始膨大,则牵引过程中可能会把宝贵的芽碰掉。一季开花的品种如果在11月之前修剪牵引的话,有的品种会就此进入发芽、开花状态,所以也不要过早修剪牵引。

首先确认是否为枝条更新类型

藤本月季中有枝条更新类型(从植株底部发出新枝)和枝条不更新类型(枝条不断变粗并木质化,持续多年开花)。重要的是,要先区分出自己所种的植株是哪种类型。同时还要注意,即使是枝条更新的类型,一些品种在种植时间较长后也会慢慢不易发出新枝来。

藤本月季的枝条比较柔软,只要有新枝发出,冬季以外的其他季节都可以做牵引。

修剪的同时牵引枝条

藤本月季的牵引和修剪作业同时进行。先把枯枝和弱小枝剪除,之后除非粗枝过多,一般在牵引前不做疏枝,而是等完成牵引后再根据情况确定枝条间隔。同时对于枝条很难更新的品种或种植年数较长的植株,需要将又细又长的枝条保留到最后,用于填补空白。

不同品种的修剪方法不尽相同,如下为其基本步骤。

> ①剪除枯枝、弱小枝等。
> ②枝梢不要下垂,按照从粗枝到细枝的顺序牵引枝条。
> ③牵引的同时,把已经开过花的枝条留两三个芽(10～15cm)剪断。

易发新枝的品种

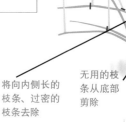

当年长出的新枝

侧枝

老枝从侧枝发出的位置上方剪断

将向内侧长的枝条、过密的枝条去除

无用的枝条从底部剪除

将剩下的枝条横向牵引
图中为了示意枝条的相互关系未画出开花枝

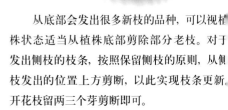

从底部会发出很多新枝的品种,可以视植株状态适当从植株底部剪除部分老枝。对于发出侧枝的枝条,按照保留侧枝的原则,从侧枝发出的位置上方剪断,以此实现枝条更新,开花枝留两三个芽剪断即可。

☙ 修剪要点

不易发新枝的类型

不易从植株底部发出新枝的藤本类型,老枝可以持续开花10年以上。这种类型要保留粗枝,将开花枝留两三个芽剪断。

保留老枝(老藤),开花枝留两三个芽剪断。

花柱造型	栅栏造型

开花枝留两三个芽剪断后的效果。

✿ 牵引要点

开始牵引前先去除枯叶，并剪掉枝梢

对于尚有枯叶的枝条，可能有叶螨或蚜虫在上面越冬，所以要先剪除，而后再将枝梢剪去20～30cm长。

水平方向或稍向上方固定

不同类型的月季状况稍有不同，原则上要将向上伸展的枝条横向放倒或斜向放倒，并在植株底部一侧用麻绳等固定。从月季的特性上讲，枝条被水平放倒后芽会向上生长，有助于发出更多的花芽。

让藤本月季开满花的要点是密集牵引枝条，让植株基部生发细短的枝条，这样可以开出许多花来。小花品种枝条与枝条间距偏小（5cm间隔），大花品种的间距较大（10cm间隔），按照几乎水平、尽量等距的方法牵引开花效果最好。

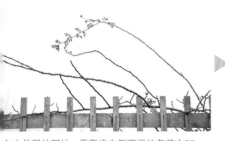
向上伸展的新枝，需要将右侧两根枝条剪去20cm后再开始牵引。　　这是从围栏外看的效果

将枝条逐一放倒，从距离植株底部最近处开始依次用麻绳固定。　　此时是在栏杆的内侧处理

在水平方向上牵引的效果。注意枝梢不能向下垂。

这里是重点！

绑绳尽量扎紧

在把枝条固定在栅栏上时，注意要用绑绳尽量扎紧，以避免风大导致枝条晃动。枝条摇摆不定的状态会造成芽停止生长，影响坐花效果。

最好采用棕绳或麻绳，根据枝条的粗细和坚硬程度挑选合适的种类。

先将枝条紧按在栅栏上再绑住，尽量不留间隙。不要打成"8"字结。

如果栅栏较宽，也要注意尽量不要让枝条悬在空中，固定在同一平面上。

修剪及牵引
实例解说

格架
Trellis

小花藤本品种'鸡尾酒'。为了开出更多花来，修剪时需要尽量保留老枝、细枝。长的新枝尽量水平放倒，从植株底部开始等间隔牵引，将细枝安排在空白处和植株底部。

将枝条牵引到拐角处并留长，能够很好地覆盖格架并创造出美丽的景观。

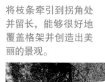

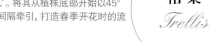

顶部沿弧线牵引，花枝留得稍长一些。

不更新新枝、枝条不断变粗的藤本品种'泡芙美人'。将其从植株底部开始以45°的斜度等间隔牵引，打造春季开花时的流畅线条。

格架
Trellis

古老月季的藤本品种'伊斯法罕'，顺应其自然株型纵向牵引到小型拱门上。

花廊
Tunnel

在拱形入口附近将枝条牵引成柔和的曲线。

从左右花屏朝中间的凉亭上方将多株藤本月季交叉牵引。

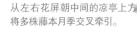

凉亭
Gazebo

为了实现整体开花的效果，需要在花廊的侧面和顶部都均匀安排花枝。

'新黎明'

植株较小时会发出很多新枝，种植10年后进入稳定状态，不易再发出新枝。

栅栏
Fence

以定植14年后的中花藤本品种'新黎明'为例。剪去无用枝后，修剪开花枝的顶端，只保留两三个芽。由于这个品种老枝也可以开出很多花，所以要格外注意。同时用新枝填补空白，整体呈水平方向牵引。

春季繁花盛开的'新黎明'，十分壮观。

修剪前

完成修剪后

花格的内侧也要保留枝条，这样可以内外均衡地观赏开花效果。

藤架
Pergola

种植多年的植株较难发出新枝，所以应尽量保留老枝，注意把细枝牵引到缺少花芽的位置上。由于藤架内侧的花稍朝下开的观赏效果更佳，因此这里的花枝可以适当留得长一些。

✿ 修剪及牵引操作步骤

修剪及牵引前

定植第3年的藤本品种'雷内·安德雷'属于枝条不更新的类型。由于定植时间较短，仅需剪除无用枝条，剩下的枝条尽量全数保留。不需要松开上一次牵引时对枝条的固定绑绳。

花柱
Pole

对于较狭窄的花园，可以利用花柱打造立体景观，欣赏美花，这里介绍花柱造型的修剪和牵引方法。

① 为了方便处理，把新枝先临时绑起来。

② 红褐色的枝条为新枝。将植株底部的枯枝等无用枝条剪除。

③ 把所有开花枝留两三个芽剪断。

④ 修剪完所有花枝的状态。

⑤ 将新枝逐根从下方开始往上盘。

固定在老枝的空白处，并在每个枝条交叉处用绑绳固定。

⑥

⑦ 选几处用棕绳紧密捆绑在花柱上，并反向再绑一圈，以牢固固定。

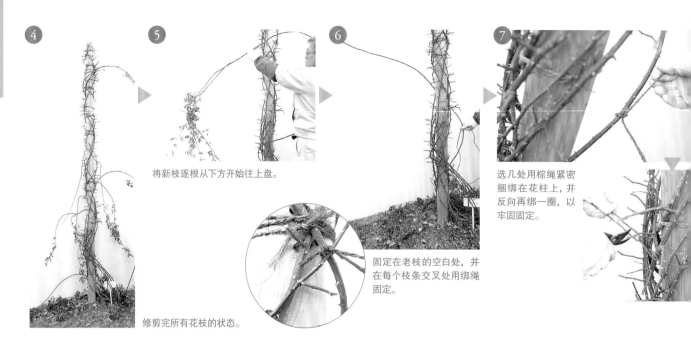

⑨

⑩

完成修剪及牵引后

剩余的新枝也用同样的方法牵引。

按照花柱的高度，剪除过长的新枝枝梢。

把枝梢牢固固定在花柱上。

Before

After

这里是重点！ 用棕榈绳将枝条紧紧绑住

如果绑得过于松垮的话，会因为大风等原因导致花芽停止生长，植株就不容易坐花。

将外悬的枝条和过密的枝条清理后即完成修剪牵引作业。

一些品种适合垂直牵引

牵引时通常是将枝条水平放倒，但有些品种垂直牵引也可以正常开花，甚至开花效果更好。

垂直牵引更有利于开花的品种

乌尔姆大教堂' [S]、'黄金雨' [CL]、'赤陶' [CL]、'拉维尼亚' [CL]

'擂鼓' *Furedaiko*

[CL]

花色为橙色和红色混合，非常艳丽。这是一个不断向上伸展的品种，适合在花柱上用铁丝拉成圆锥形，再把枝条纵向牵引在上面。

○开花方式：四季开花
○花色：橙色至红色变化
○花形：半尖瓣平开
○花朵直径：7 ~ 11cm
○延展：1 ~ 2m
○香味：微香
○育成地：日本（京成月季园）
○发布年份：1974年

垂直牵引和水平牵引都可以从植株底部开始开花的品种

'罗森多夫·斯帕里肖' *Rosendorf Sparrieshoop*

坐花状况良好，枝条粗壮、耐受性强。

○开花方式：四季开花 ○延展：2 ~ 3m
○花色：橙色至浅粉色 ○香味：微香
○花形：皱瓣平开 ○育成地：德国
○花朵直径：10cm ○发布年份：1989年

木香的种植要点

木香类通常在12月发出花芽。如果在冬季修剪木香，会导致花芽掉落，所以应尽量在初秋作业。

若枝条长得过于旺盛，可以在7月上旬将当年长出的新枝从植株底部剪除。其后发出的枝条会在秋季时停止生长，可以在秋季结束前完成牵引。

重瓣黄木香

问&答

藤本月季

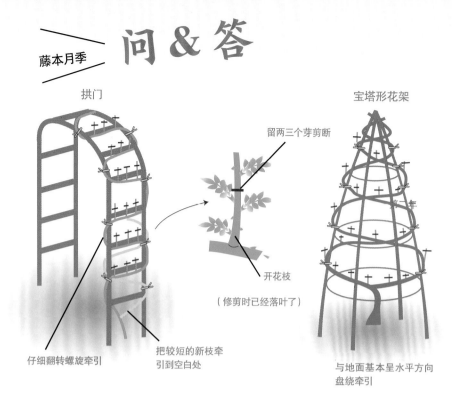

拱门

仔细翻转螺旋牵引

把较短的新枝牵引到空白处

留两三个芽剪断

开花枝

（修剪时已经落叶了）

宝塔形花架

与地面基本呈水平方向盘绕牵引

 枝条过长的一季开花藤本月季该如何牵引？

 在拱门或宝塔形花架上采用弯转牵引的方法。

可以采用把较长的主枝与地面水平，呈S形弯转牵引，让从主枝上长出的较细的枝条开花的方法。花后仅剪去残花，冬季时将这些开花枝留两三个芽后剪断。春季时剪除从植株底部发出的新枝，一些短枝条牵引在植株底部或枝条空白处。冬肥以外不要再施肥。

 可以在阳台上栽种藤本月季吗？

如果空间不够，没法摆放较大的拱门或围栏，可以种植藤本月季吗？

 可以选择枝条柔软的景观月季。

这种情况下可以种植小花多花型且枝条柔软的景观月季。近年来这类品种经常被造型成紧凑的藤本株型，作为盆花出售。另外，也可以选择株株较小的藤本月季，两盆对向形成拱门造型的方法。

'可爱的梅安'稍朝向下方开花，可以开出很多淡粉色花，非常适合搭配宝塔形花架。

 气候较冷的地区也可以栽种藤本月季吗？

我所在的地区冬季会积雪，这样的环境适合种植藤本月季吗？

 一些藤本月季也具备耐寒性

对于冬季气温低至−20℃左右的地区，难免会有植株受冷风吹打而冻死的情况，但如果做好充分的防寒措施，一些藤本月季也可以在这里顺利越冬。

可以将部分藤本月季拆掉支架，将枝条埋在土中过冬。一些盆栽植株则可以搬到屋檐下或在花园里挖坑，连同花盆埋入土中一半的高度。采取了这些措施后，植株通常可以顺利过冬。

具备耐寒性的藤本品种

'埃克·塞尔萨'

'邱'

'夏雪'

'灰姑娘'

'多萝西·帕金斯'

'永久腮红'

'红色多萝西·帕金斯'

牵引在可爱的小型花格上。

把拱门支架插在两个花盆中的效果。这样不仅节省空间，且便于移动和养护管理。

寒冷地带也可以种植的'粉天鹅'的宝塔形花架造型。

微型月季的栽培要点

微型月季株型紧凑可爱，即使空间狭小也可以种植，但与其他类型一样需要谨防病虫害。接下来介绍养好微型月季的一些小窍门。

'矮仙女09'

1 挑选花苗和基质

❀ 花苗的种类

嫁接苗和扦插苗

嫁接苗　适于地栽种植。大多是属帕提欧系的大型散型月季品种，基本习性与常见的灌木类型相同，此外还有如下特征。

● 可以很快养成大苗。

● 抗肥害能力强。

● 不易烂根，耐过湿环境。

● 对基质（土壤）没有特别要求。

扦插苗　市面上销售的开花盆苗大多为扦插苗。花朵直径多小于5cm，株高较低，主要栽种在吊篮中或花盆中，有很多品种。基质对这类苗的影响较大，其主要特征如下。

● 苗生长缓慢、植株紧凑。

● 易发生肥害、烂根。

● 从植株底部发出新枝。

● 对基质（土壤）有一定要求。

花朵较大、植株比较健壮的嫁接苗'泰迪熊'。▶

开花盆苗。开出许多粉色小花的扦插苗'微笑'。株型紧凑、叶片有光泽的即是好苗。▼

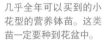

❀ 基质

选用排水性好的基质

微型月季宜选择排水性好的基质来栽种。

嫁接苗适用基质配比　中粒赤玉土：泥炭：赤土=7：2：1混合。

扦插苗适用基质配比　泥炭：中粒赤玉土：珍珠岩=7：2：1混合。

2 定植

❀ 定植到花盆里

开花盆苗、育苗钵苗不打散根坨直接栽种

定植的方法与其他类型的方法基本相同。但要注意很多微型月季苗是营养钵苗，定植时不要打散根坨。

3—11月购买的开花盆苗，先在原盆中养护，待开花结束后再定植（详见第60页）。

几乎全年可以买到的小花型的营养钵苗。这类苗一定要种到花盆中。

仔细去除黄叶和枯枝等。

不打散根坨，用排水性好的介质定植。

❀ 定植到花园里

地栽定植与新苗定植的方法相同（详见第64页）。

3 养护管理

栽种在光照、通风好的位置的'梅兰迪娜夫人'，开出微型月季中的超大型美花。

☺ 种植环境

在光照、通风良好的地方养护

原则上要在光照、通风良好的户外养护。很多人会将开花的盆栽微型月季移入室内观赏、装饰，但一些古老月季如果连续3天放在室内就会开始掉叶、掉蕾，或叶片变黄。如果要放在室内装饰，最好只放1天，其余时间尽量在户外养护。

如果种在阳台，尽量摆放在淋不到雨的地方，且花盆与花盆之间拉开间隔以保证通风。

☺ 浇水

基本原则：发干即充足浇水

盆土表面发干即要充足浇水至盆底有水流出的程度（详见第48页）。

微型月季的植株较矮，浇水时如果水或土溅在植株上容易引发病害，所以最好在土表覆盖小石子。

☺ 病虫害防治

警惕叶螨（红蜘蛛）和黑斑病

从梅雨季开始到夏季，微型月季落叶的主要原因大多为黑斑病和叶螨。黑斑病多于4—11月发病，在老叶表面出现墨点状黑斑，最终导致叶片脱落。大多发生于气温20～25℃期间。降雨较多的梅雨季和秋季连日下雨的时期需要多加注意（详见第49页）。

多发于夏季高温干燥时期。叶片干枯并可见蜘蛛网状的膜，而后叶片变黄、脱落。

出现落叶时的处理方法

嫁接苗 轻剪植株，将剩余的叶片全部摘除，如果枝条上还残留有叶螨，用高压水枪冲净后喷杀叶螨及治疗黑斑病的药。

扦插苗 将植株整体轻剪后摘除所有叶片并去除枝条上残留的叶螨。最好用排水性好的新基质（小粒赤玉土：泥炭：珍珠岩＝7：2：1）换盆。其后按照正常的扦插苗养护方法管理。

☺ 施肥

施固体缓释肥

3—11月，每隔30～40日施1次有机固体缓释肥（4号盆每次放一两颗）。除施用固体肥料外，也可以每周施一次液肥以替代浇水。

尽量放在远离植株的花盆边缘。

 这里是重点！

微型月季切忌密植！

为了避免发生叶螨及黑斑病，应尽量创造光照和通风良好的栽种条件。如果植株之间距离过近或是将微型月季与其他植物密植在一起，就会容易引发病虫害。浇水过量或施肥过量也可能导致植株变得羸弱。

在小容器里密植容易滋生病虫害。

4 修剪

去除残花

原则上只剪掉残花即可

修剪微型月季的残花时没有特别的注意事项，只要把开完的残花剪除即可。但如果是花较大且植株会长得较高的品种，则要按照丰花月季的修剪方法处理。

如果等到花都开完颜色变暗以后再剪掉残花，则需要等2周以后植株才会再次出芽。如果是在同枝条上还有开得正好的花的状态下剪掉残花，则1周以后就会再次出芽。

如果是成簇开花，则按照开花顺序从花柄底部依次剪除残花。

如果是花朵较大的品种，则在花枝的中央部位剪断。

完成修剪的状态（夏季修剪）。

照片中为了示意剪断位置而选择了尚未开败的花。

可作为微型月季养护的品种

仙女系列

四季开花，是单花花期长且易打理的系列。

耐受性非常强，四季开花性强的'仙女'是深受欢迎的品种之一。这个品种即使只有半日照条件也可以健康生长，非常适合新手种植。

单株开花可超千朵，5—11月不停开花的'可爱的仙女'。将多株种在一起，重剪以后可以实现整片铺展开花的效果。

冬季修剪

可以按照剪掉 1/2 株高的标准修剪

基本方法与灌木月季的修剪方法相同（详见第75页）。修剪掉植株一半的高度，保留较多细枝，并剪成中间稍高的株型。如果是精细修剪，则要确认每个芽的状态，修剪成比较蓬松的株型。

修剪前

在较大的花盆里种植了4株'咖啡欢腾'的扦插育苗钵苗。

修剪后

将整体修剪成了中间较高、两侧较矮的效果。

精细修剪

剪除枯枝、细弱枝及较密部分后，剪掉植株一半的高度即可开花，也可以剪得更短。

如果是每根枝条都要修剪，则在剪掉无用枝后仔细确认每个芽，并在芽的稍上方位置剪断。

稍加调整以打造蓬松株型。

5 扦插繁殖

分为在初夏的生长期进行的绿枝扦插，及在冬季的休眠期进行的休眠枝扦插。

●属于PBR（即育种者权利）的品种除个人兴趣外不可私自繁殖，需要严格遵守。

绿枝扦插 适宜时期：6—7月

准备材料

基质（珍珠岩：泥炭＝7：3）、4号盆、插条（已经开花的枝条）、园艺剪、水桶、喷壶、小棍等

将插条每2节为一段剪开（有花的部分不用）。

在水桶里充分浸泡约30分钟。

用筷子粗细的小棍在基质里扎约5cm深的洞。

准备

把基质放入花盆中，吸足水分备用。

把插条分别插入洞中，并压实基质表面。注意不要让叶片重叠，过大的叶片需要剪掉一半。

用喷壶充足浇水，注意水流不要过大。

扦插后的养护

放在不会淋到雨的廊下，注意保湿。如果一周后叶片变黄或落叶，说明扦插失败。顺利的话1个月左右可以生根。

约1个月后的状态。新芽发出后顺利生长，很快就可以达到能上盆定植的状态了。

休眠枝扦插 适宜时期：11月至次年1月

准备材料

基质（中粒赤玉土：鹿沼土＝5：5，或赤土：中粒赤玉土＝7：3）、4号盆、插条（当年长出的枝条的较健壮部分*）、园艺剪、水桶、喷壶、小棍等

* 过粗的枝条不适合作插条。直径5～7mm较易生根。

将插条每2节（2个芽）一段剪开（枝梢部分不用剪）。

不用剪

在水桶里充分浸泡约30分钟。

用筷子粗细的小棍在基质里扎约5cm深的洞。

把插条分别插入洞中，并压实介质表面。确认芽的生长方向，注意不要把插条上下颠倒。

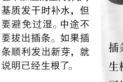

用喷壶充分浇水，注意水流不要过大。

扦插后的养护

在不加温的室内养护，基质发干时补水，但要避免过湿。中途不要拔出插条。如果插条顺利发出新芽，就说明已经生根了。

这里是重点！ 不要触摸长出来的新根

扦插1个月后插条生根。如果生根状况较好就可以上盆了，但这时要注意避免触碰新根，小心操作。

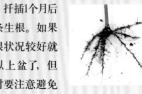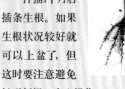

让精心养护而来的美花有更长的欣赏期，
一起来享受花园养护工作之后的美好园艺生活吧!

让花园生活更加多姿多彩

——月季的搭配与应用

🌹 以花园中的自然花姿制作月季插花　98

🌹 月季与香草演绎出的柔美搭配　100

🌹 永葆美丽的月季永生花　106

🌹 可以充分享受月季芬芳的香氛花瓣与浴盐球　112

🌹 把月季的颜色留在草木染作品上　116

制作月季插花

用花园中的花朵装点居家环境可以为每天带来美好心情。

即使是同一品种的月季，开出的花朵也有不同的风情。

可以在早晨阳光正好时去花园里走上一圈，剪上几枝带回来插在室内。

把剪回来的花枝直接放在铁桶里

开花的长枝插在做旧的铁桶中，将古老月季的风情诠释得淋漓尽致。

把几种可爱的圆形花随意搭配在一起

将杯状花和莲座状花搭配在一起，有的会朝上开花，有的会横向开放，也有的会微微低垂，把各种美妙姿态汇集在一起，打造一派浑然天成的美感。

把清晨的花园风景浓缩在这里

透明的简约花瓶中插着当天采下的花材，特意留下大部分花叶，无论是紧实的花蕾还是看起来明天花瓣就会掉落的花朵，都是花园的真实写照，洋溢着生命的张力。

将剪得较短的花枝单独插一个小瓶

把小花插进银色的花器中，可以偶尔和花朵来个近距离面对面。把两朵变换不同方向插，比只插单枝更显和谐。

月季与东方风情的茶壶搭配也很和谐

比起一本正经的花器，月季与日常容器搭配起来也很相得益彰，绿藤打造出的线条也堪称点睛之笔。

分枝是插花的关键

同时开出几朵花的花枝，如果分枝做得好，只需要再搭配少量的绿叶就可以插出非常精彩的效果。

 ▶  ▶

英国月季'安布里奇'。根据枝条姿态确定剪断的位置。图中的品种在秋季时成簇开花的势头较强，重剪也不必太担心。

这个品种花茎长、花朵较大，很有存在感。可以将每朵花从花枝的底部剪下来。

把作为主角的大花插得低一些，再用小叶尤加利填补后方的空隙。

延长花枝的花期

最好趁晨间尽早使用较锋利的剪刀剪下来，而后马上做预处理和吸水处理。这些处理可以有效延长花期，不可省去。

还要注意选合适的摆放位置，空调吹出的风和自然风容易带走花瓣和叶片的水分而缩短花期，阳光直射和过于温暖的地方容易使插花的水腐坏变质。

处理前

预处理后

预处理　认真处理会让花朵开得更鲜活

去刺

把泡水部分的刺去掉，此处也可以同时吸水。去刺的时候捏住刺尖横推就可以把刺去除了。当然，刺也是彰显月季个性的元素，可以适当保留一些。去除泡水部分的叶片。

去除下方的叶片

如果留下过多的叶片可能会导致水分过度蒸发并消耗植株能量，且泡在水里的枝叶容易腐坏从而导致细菌繁殖。以处理枝条下半部分的叶片为主，并去除较紧实、不太可能开花的花蕾。

后续的养护

每天都要换水并剪短枝条，如果花瓣受伤，要及时去除。捏住花瓣的根部向下拧，即可去除得比较干净。

吸水处理　实际插之前先整体吸水

基础处理

在水中修剪，枝条在剪断时会瞬间吸水。

把花茎完全浸入水中的状态下修剪的手法。如果在水中剪断，则切口不会形成空气膜，剪断的瞬间会因水压而自然吸水。

深水

如果花束活力不够

先浸在深水中。用报纸把花束包起来，露出下方约10cm长的枝条，在水中剪掉一段枝条后移到较深的容器中竖直浸泡约1小时。

温水处理

把下面的枝条用皮筋束住后用报纸包住花束，把枝条切口处用温水（60～80℃）浸泡10～20秒后马上浸入凉水中。这样可以利用温差改变枝条中的空气压力，提高吸水能力。

让花园生活更加多姿多彩——月季的搭配与应用

月季与香草演绎出的
柔美搭配

为了充分展现月季的美丽，还可以将其与同样种在花园里的香草和其他植物绿叶搭配起来，
打造出重现花园风景的自然风情，而月季当然是其中的主角。
除了枝叶，秋季的果实也可以拿来一起搭配，享受插花的别样乐趣。

与香草一起绑成花束，
无论是颜色还是香味都非常协调

深粉色的'伊芙·伯爵'与迷迭香，杏色的'安布里奇'与银叶薰衣草，分别随意绑成一束。带着芬芳的花束既可以直接放到玻璃瓶中插起来，也可以赠人。

颇具韵味的个性花朵搭配深色叶片

在选择香草时需要注意颜色搭配。颜色和花形都颇具存在感的花朵插在铁艺信插中，搭配紫色花穗且叶片略带黑色的非洲罗勒，很是协调。

洋气的秋色搭配

在天气转凉的季节里，棕红色和大方的橙色花朵是近年来的流行配色。3种不同花形的绝妙平衡与银叶尤加利演绎出优美风情。

Variation

用轻柔自然的颜色打底，可以为之后的配色提供很大的创作空间。例如，加入深紫色的三色堇，整体风格一下子就有了新的变化。如果加入黄色的花朵，则会是更加轻柔的风格，而加入红色则显得光彩夺目。

舒展的天竺葵叶片映衬着柔美的花朵

以雅致的白色古老月季为主，搭配微开的柔粉色皱瓣花朵，再把簇花类型的微型月季分枝后加入其中，呈半球形效果。如果再加入自由伸展的天竺葵叶片，一起插在透明玻璃瓶中，就可以打造自然风情。

柔黄色花与可爱的白色花搭配

黄色古老月季搭配白色的'夏雪'，再用马缨丹、斑叶常春藤调节点缀。此处使用的铁皮花器可以在中间凹陷处放入玻璃杯，这样装饰起来仿佛是装裱在画框里的一副摄影作品。

在简约的花环上用单瓣花打造节奏感

花环中心部分几乎与上一页中的作品使用了同样的花材，只是在左右两侧增加了野蔷薇风格的单瓣花。

将花泥固定在花环上，就成为鲜切花的花器了。这个作品中是用铁丝将花环左右两边连同常春藤和单瓣花一起固定的。

制作可以保持花姿、花色的干花

精心养护的月季不仅可以用于插花装饰，做成干花保存起来也是很棒的装饰品。这里介绍可以尽量保持花姿和花色的方法。

| 最简单的是自然干燥（悬挂法） | 用硅胶干燥剂保留美丽的花色 | 用微波炉可以快速完成 |

把枝条下半部分的刺和叶片去除后扎成一束，避开光照强烈和湿气过重的地方，在通风较好的地方挂起来。选在花朵开到七成左右的时候处理效果最好。

在密封容器中放入约2cm深的干燥剂，将剪下的花朵放入其中，再小心撒入剩余的干燥剂，注意不要伤到花瓣。盖上盖子密封一周左右，水分就会被完全去除。

选耐热的容器，用上一种方法将花朵完全埋入干燥剂中，加保鲜膜后用微波炉加热90秒。注意根据实际情况调整加热时间，避免花朵焦煳。

注：吸过水的干燥剂会从蓝色变成白色，用平底锅等烘干恢复蓝色后还可以再次使用。

让花园生活更加多姿多彩——月季的搭配与应用

用野蔷薇枝条制作的花环迎接冬日

把晚秋的野蔷薇枝条用铁丝固定，再扎上丝带就完成了。这样不仅可以直接用来装饰，过一段时间果实变干后，又别有一番风情。

秋季的月季花朵与果实搭配起来无比协调

月季的果实是在花后结成的。颜色相对深的秋花与果实搭配起来非常自然。这里的银叶为细裂银叶菊的叶片，绿色的叶片和果实来自观赏树种树参。

特别精选 可以结出美丽果实的品种

容易在秋季结果的品种通常是易授粉的单瓣或半重瓣类型，主要为原种系列或小花蔓生的品种。这些品种为开花较少的季节带来别样风情。

犬蔷薇
R. canina [Sp]

这是开出单瓣可爱花朵的代表性原种。果实常被用于制作玫瑰果茶。

○开花方式：四季开花　○株型：直立型
○花色：浅粉至白色　○株高：1.6～2m
○花形：四分莲座状　○香味：微香
○花朵直径：3～5cm

'永恒蓝调' [CL]
（详见第33页）

'塞美普莱纳' [A]
开花散发的柔和芳香也颇有魅力。

'巴比伦埃利都' [S
品种名源自古老的城市名。

月月粉 [Ch]
（详见第42页）

'灰姑娘' [CL]
（详见第36页）

华西蔷薇 [Sp]
可以在寒冷地区种植的原生种。

让花园生活更加多姿多彩——月季的搭配与应用

玫瑰果手工花环

此处使用的玫瑰果是犬蔷薇的果实。冬季到来时果实会变得通红，一起盘出一个简约大气的花环吧！

胶棒　胶枪

园艺胶带

玫瑰果　铁丝

先把结果枝剪成5cm左右长备用，并去除枝条上的刺。

1

用铁丝把每3根枝条绑成一束，表面缠上园艺胶带。共制作12或13束。

2

将果实束依次用园艺胶带缠绕起来。

3

全绑扎好以后首尾连接弯折成圆形，用园艺胶带固定好。

4

调整小枝，让花环没有空隙并充满立体感，用胶枪适当固定。整体外观均衡是制作可爱花环的关键。

永葆美丽的
月季永生花

Preserved Roses

无论开得多么惊艳，月季花最终都会迎来凋零。

而永生花可以保留花朵最美丽的姿态，并赋予其更具魅力的色彩。

这个方法可以在迎来下一个开花季节前，把花园中的美花演绎出别样精彩。

留下每朵花最精彩的瞬间

即使是开在同一根枝条上的花朵也会有所不同，从含苞待放到花瓣缓缓打开，最后完全绽放，有着不同的风情。可以选择每朵花最美的瞬间，制作成自己最喜欢的颜色的保鲜花。

让花园生活更加多姿多彩——月季的搭配与应用

优美的花姿与高雅的颜色

　　无论是花瓣蓬松展开的现代月季，还是花瓣重叠的古老月季，都被柔美的杏色统一了起来，银色叶片的尤加利更衬托出花朵的娇美可爱。

Noble & Elegant Roses

标准花形更凸显月季之美

　　花瓣边缘外翻的经典花形可以实现最简约的搭配，颜色为雅致的奶白色。把花朵集中在一起，并将后方稍稍压低，打造别致的美感。

白色的窗框搭配
色彩柔和的月季

　　创作灵感来源于从窗户向外看去的浅色系月季盛开的美好景致。爬在外墙上的菝葜的绿叶恰到好处地点缀，打造出油画般的风景。

Garden of My Heart

把花姿各异的粉色花
汇集成花束

　　把各种花瓣形状和花形的中型花汇集到了一起。原本的花色和花瓣质感不同，有的是带有透明感的樱花色，有的是无光泽的粉色，经过处理后都成了带有光泽的亮粉色。将约15cm长的树枝捆扎起来后整体拧一下，中间用酒椰固定作为底座，再把保鲜花自然插在上面，就完成了这款别致的作品。

绚烂红玫瑰的魅力

　　美艳的深红色玫瑰是永远的经典。无论是三分开花还是五分开花，直至全开凋零也都有令人惊叹的美。搭配浓淡不同的绿叶更是把花朵的美映衬得娇艳可爱。花器为藤制花篮（后）、木质花盆（左）、陶制小罐（右），白色系花器更好地衬托出花之美。

Brilliant Red Roses

永生花的基础制作方法

通过去除花瓣中的水分，并将这些水分替换成特殊的保存液来长时间保持花朵的水润和美丽。

方法1 使用保鲜液 A、B 制作

最基础的方法为使用两种保鲜液，A液用于脱水及脱色，B液用于着色及保存。
这种方法的色彩富于变化，适用于各种不同的花材。

保鲜液A	保鲜液B（透明）	保鲜液B（着色液）溶剂	保鲜液B（着色液）水性

置换花中水分的溶液。这个溶液会渗透到花的细胞之中，在置换水分的过程中完成脱色。主要成分为酒精，也用于着色后的清洗过程。

透明溶液，用于经A液脱水脱色后直接保存或用于淡化其他着色液。

直接上色的着色溶剂。大多颜色偏深，特点是着色效果好。

直接上色的着色液，以淡雅的颜色为主。易受紫外线照射影响，着色效果较溶剂弱。

① 准备

挑选充分吸水的新鲜花朵，留2～3cm长的茎剪下花朵。

这里是重点！ **选用鲜活的花材**

"既然是要脱水染色，那老一点的花也没问题吧？"这样想就大错特错了！这种保鲜工艺中的脱水过程是将花瓣细胞内的水分置换成脱水液。也就是说，水分越充足的花置换效果越好，可以在保持鲜活的状态下着色及保存。之后也一直可以靠脱水液的保湿成分让花朵保持水润鲜活状态。

花萼是分辨花朵是否鲜活的标志之一。最好选择花萼娇绿且没有下翻的花朵。

② 脱水、脱色

 保鲜液A

在容器中倒入保鲜液A浸泡花朵。如果使用较大的容器，只要是花朵没有重叠就可以多朵一起处理。盖上盖子浸泡至花萼脱色的状态（至少需6小时）。

③ 着色、保存

 保鲜液B

花萼失去颜色就说明完成了脱水步骤。将保鲜液轻轻沥干，放入放有保鲜液B的容器中，浸泡至整体完全吸收颜色（至少需12小时）。

注：部分品种或花色的花朵即使浸泡几天也不会让花萼完全失去颜色，会留下少量绿色或紫色。

④ 清洗

保鲜液A

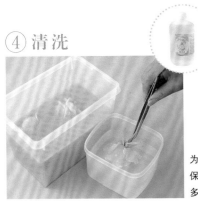

为了避免粘连，将花朵浸泡在保鲜液A中轻轻晃动去除表面多余的保鲜液B。

⑤ 干燥

用手整理花朵后放在架子上，置于阴处晾干。所需时间因花朵大小和环境温度、湿度而有所不同，通常需要两天至一周的时间。在托盘上铺好擦纸巾，摆放花朵时拉开间隔。如果一直不干，可以用吹风机的暖风吹一吹再自然晾干。

方法2　用轻松保鲜液（月季专用）制作

这是仅用一种溶液就可以制作的简单方法，如果是首次尝试，一定要先用这种方法试试看！

除月季外，用于处理绣球花和翠菊也可以实现很好的效果。

在溶液中浸泡的时间较用两种液体的方法长，中型花需要2~3天。

轻松保鲜液 透明

轻松保鲜液 溶剂

共9个颜色：黄、橙、红、紫红、酒红、棕、绿、蓝、黑

轻松保鲜液 水性

共7个颜色：白、柠檬黄、鲑粉、粉、紫罗兰、天蓝、深蓝

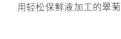

用轻松保鲜液加工的翠菊

③ 干燥

从容器中取出，用纸巾吸去多余的液体后自然干燥。

① 准备

挑选吸过水的花朵，留2~3cm长的茎剪下花朵。

② 着色、保存

在容器中加入轻松保鲜液，浸泡花朵。盖上盖子，浸泡至充分着色（约需3天）。

完成。如果保存条件较好，可以维持3~5年。

可以充分享受月季芬芳的
香氛花瓣与浴盐球 *Potpourri & Bath Ball*

月季花朵除了赏心悦目以外，其香味也有各种用处。

可以把香味怡人的花瓣一片一片剥离下来，制作香氛花瓣。

这里还会介绍使用做好的香氛花瓣制作香袋或浴盐球等创意。

DRY POTPOURRI
干制香氛花瓣

即将香气封入干燥花瓣之中。中型月季的红色、鲑粉色、深橙色的花瓣可以做出鲜艳美丽的香氛花瓣。

做好后放入漂亮的玻璃容器中装饰起来，色香俱佳、清雅怡人。

加入香氛花瓣的芳香花环

可以放在衣物上用于增香，或是挂在衣橱的把手上作为装饰。图中为使用较厚的欧根纱丝缝成筒状，在中心穿入铁丝并加入香氛花瓣，把首尾缝合起来，再另选四处用大些的珠子扎起来，这样花瓣就能平均分布了。

做成香袋

把香氛花瓣装进纱袋，可以放在书包或抽屉的角落里。

香氛花瓣的制作方法

❶

把花瓣从花萼上剥离，散开放平，注意不要彼此重叠。放在阴凉且湿度较低的地方晾干。需几天至一周时间才可完全干燥。

❷

完全干燥后放入密封罐，滴入2～3滴玫瑰精油后盖好盖子。

❸

轻轻摇匀，在阴凉的地方醒制1个月。其间记得偶尔摇一摇罐子，以使整体均匀。

Gertrude Jekyll

有着鲜艳颜色和浓郁芬芳的'格特鲁德·杰基尔'是非常适合制作香氛花瓣的品种。最好选用花瓣没有受伤、开至七八成的花朵，在清晨摘取。

让花园生活更加多姿多彩——月季的搭配与应用

湿制香氛花瓣

这是用新鲜的花瓣盐渍而制成的。借助盐的防腐作用，可以长时间保持花香和色彩。香气醒制好以后可以放入香氛罐中保存，放在不会被阳光直射的地方。

把香氛花瓣装点成花环状

在加入水的玻璃盘中摆入香氛花瓣罐，周围装饰常春藤、月季等当季植材，打造出花环造型。花草在纯白色的盐的衬托下显得尤为迷人。

湿制香氛花瓣制作方法

① 在塑料容器中先平铺一层粗盐，再把花瓣摆放进去，注意不要重叠。

② 用勺子轻轻撒下粗盐，约1cm厚度。之后再放一层花瓣，再重复两三次前面的操作，而后密封起来。花瓣的水分会慢慢渗出，放在阴凉处醒制3天左右。

③ 用勺子小心将花瓣和盐移放到密封罐中。滴入两三滴玫瑰精油，用木勺搅拌混合。

④ 把密封罐封好后在阴凉处醒制香气1个月左右，其间偶尔轻摇罐子，让整体混合均匀。

让花园生活更加多姿多彩——月季的搭配与应用

113

BATH BALL
泡泡浴盐球

用月季花瓣制成的浴盐球入水后，花瓣和气泡泡一起优雅地扩散开来，让浴室充满芬芳。可以用冰格或糕点模具做成各种形状，增添更多情趣。仔细包装后，还可以拿来馈赠亲朋好友。

这里是
重点！

放入温水中马上会溶解，冒出很多泡泡来，这是小苏打和柠檬酸的双重效果。泡沫的刺激有助于促进血液循环，从而改善新陈代谢状况。

各种成分的功效

盐	促进排出体内废物，清除角质并促进肌肤的有效更新。
小苏打 （碳酸氢钠）	汽化后被皮肤吸收，有效刺激皮肤毛细血管，有促进血液循环、预防出浴受凉等功效。
柠檬酸	有效调节皮肤pH值，可起到润滑肌肤和杀菌作用。

浴盐球的制作方法

准备材料（1个浴盐球所需的量）

小苏打（碳酸氢钠）……3大勺
柠檬酸……2大勺
粗盐……1大勺
香氛花瓣……1大勺
塑料袋

小贴士

1. 浴盐球可以按小苏打：柠檬酸：粗盐＝3：2：1的基本配比进行调节（香氛花瓣按照喜好适量加入）。
2. 如果过于松散不易成型，可以直接作为粉剂使用。
3. 也可以用来泡脚和手浴。
4. 不马上使用时，可以与干燥剂一起放入密封容器中，常温下可以保存半年。

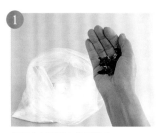

1 把所有材料放入塑料袋中。

2 揉搓混合。

3-A 感受到黏合作用后握成球状。静置约15分钟，感觉变硬后即完成。

3-B 也可用糕点模具或冰格等来定型做成可爱的形状。变硬后要及时从模具中取出。

香味迷人的品种

月季的魅力之一在于令人心旷神怡的芬芳气息。
香味迷人的品种众多，此处选择一些易打理的代表性品种介绍。
在第12～42页"推荐尝试的106个玫瑰月季品种"中也介绍了很多有芳香气味的品种，可以参考基本信息中的"香味"一项进行挑选。

'丁香美人'

'丁香美人'（详见第18页）　　　*Rouge Royale®* [HT]

深红色花朵颇具存在感，散发出带有果香的浓香。

○开花方式：四季开花
○花色：绛红色
○花形：四分莲座状
○花朵直径：11～13cm
○株型：横展型　　○株高：1.5m
○香味：浓香　　　○育成地：法国
○发布年份：2005年

'比佛利'　　　*Beverly* [HT]

优美的花朵散发出成熟水蜜桃和荔枝的混合芳香，是颇受好评的理想芳香品种。　　　（详见第16页）

○开花方式：四季开花
○花色：粉色　　○花形：尖瓣高心
○花朵直径：11～13cm
○株型：横展型　○株高：1.2～1.5m
○香味：浓香　　○育成地：德国
○发布年份：2007年

'音符'　　　*Violina* [HT]

花瓣蓬松展开，散发出葡萄般的清爽甜香气息。

○开花方式：四季开花
○花色：柔粉色
○花形：半尖瓣平开
○花朵直径：11cm　○株型：半直立型
○株高：1.5～1.7m　○香味：浓香
○育成地：德国
○发布年份：2000年

'神秘香水'　　　*Secret Perfume* [HT]

薰衣草色的花朵开放时散发出仿佛加入了甜柠檬精华一样的醉人香气。

○开花方式：四季开花
○花色：浅紫
○花形：半尖瓣高心
○花朵直径：12～13cm
○株型：直立型　　○株高：1.5m
○香味：浓香　　　○育成地：美国
○发布年份：2009年

'皇家公主'　　　*Royal Princess* [HT]

高雅的白色花朵散发出果香气息。耐受性强。

○开花方式：四季开花
○花色：乳白
○花形：半尖瓣高心～莲座状
○花朵直径：12cm　○株型：半直立型
○株高：1.3～1.5m
○香味：浓香　　○育成地：法国
○发布年份：2002年

'加州梦想'　　　*California Dreaming* [HT]

仿佛是名花'摩纳哥王子'更大、更华美的升级品种。香味也很浓郁。

○开花方式：四季开花
○花色：象牙色及粉色镶边
○花形：半尖瓣高心
○花朵直径：13～15cm
○株型：直立型　○株高：1.2～1.5m
○香味：浓香　　○育成地：法国
○发布年份：2009年

'浪漫贝尔'　　　[FL]

散发出玫瑰与鲜柠檬混合的柔和香气。

（详见第22页）

'塞美普莱纳'　　　[A]

浓烈的古老月季芳香的基调下还隐约带着香槟的芬芳。

（详见第42页）

'玛丽·安托瓦内特'　　　[FL]

优雅的花朵成簇开放，散发出略带辛香的麝香气息。

（详见第21页）

'伊芙·伯爵'　　　[HT]

华美而带有异国情调的花朵散发出洋茴香混合大马士革香甜香。

（详见第16页）

[HT]=杂交茶香月季　　[FL]=丰花月季　　[A]=白蔷薇系　*白蔷薇系为古老月季，其他为现代月季

把月季的颜色留在
草木染作品上

Natural Dyeing

季节和气温不同，月季的状态和花色也会有差别。草木染能够以别样的方式留住花园里月季的色彩。
盛开的花、枝条、叶片都能用于染色。

用花瓣染色

通过用酸性溶剂取得花朵中的色素后再使其附着在织物上的方法来染色，可以充分展现花瓣的色彩。

准备材料

要染的物品
真丝欧根纱丝巾……1块（30cm×30cm）

染色液
花瓣……30g（约10枚）
清水……250ml
白醋（谷物醋等）……250ml
（也可以在500ml中加入2大勺纯度为90%的醋酸）

染色前的欧根纱丝巾。

染色前先用清水浸湿后轻轻拧干备用。

制作染色液

① 将花瓣从花萼上取下并去除花蕊，为了保证染色效果，最好使用纯花瓣来染。

② 把花瓣放入细网袋中，扎紧袋口。

③ 在盆中混合清水和白醋，戴上手套后将②中的网袋浸入其中，尽量把花瓣弄碎让色素充分溶出。

④ 尽量把网袋里的花瓣的色素都拧出来。

染色

⑤ 将丝巾浸入染色液中，完全吸收后将染色液加热到50℃左右，而后静置至完全冷却。

⑥ 用流水充分清洗，并用干净的毛巾吸干水分，整好型后晾干。

这里是重点！

能取得色素（花青素）的通常为红色或紫色系的月季，但并不是所有品种都能染色成功。可以用手指轻捻花瓣，如果能挤出红色的汁液说明可用来染色的可能性很高。

如果花朵比较多，建议按照颜色分别冷冻保存。冷冻后的花瓣的纤维质受到破坏，更容易压碎且易于溶出色素。

用枝叶染色

通过直接染色和媒染方法染出柔和的大地色系。

准备材料

要染的物品
  真丝欧根纱长丝巾……1块
染色液
  枝叶……150g
  清水……3L
媒染液
  烧明矾……2小勺
  热水……1L

烧明矾是最容易找到的媒染剂。可以保证染出的颜色的鲜艳度，并维持很长时间。用量以染色物品重量的3%~10%为宜。

图中的丝巾是使用绿色的叶片和枝条染成的。如果主要使用老枝，颜色会更深一些。

制作染色液

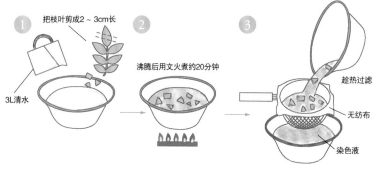

① 把枝叶剪成2~3cm长

3L清水

② 沸腾后用文火煮约20分钟

③ 趁热过滤
无纺布
染色液

直接染色

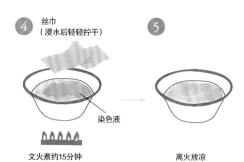

④ 丝巾
（浸水后轻轻拧干）

染色液

文火煮约15分钟

⑤ 离火放凉

媒染法

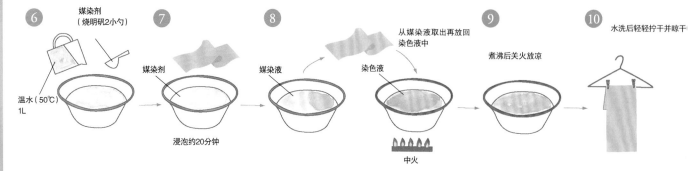

⑥ 媒染剂
（烧明矾2小勺）

温水（50℃）
1L

⑦ 媒染剂

浸泡约20分钟

⑧ 媒染液

从媒染液取出再放回染色液中

染色液

中火

⑨ 煮沸后关火放凉

⑩ 水洗后轻轻拧干并晾干

种植词汇简介

赤玉土
指赤土的颗粒。市售的赤玉土通常按照颗粒大小分为小粒、中粒、大粒。可以起到改善花盆内排水状况的功效，在园艺中广泛使用。

头茬花
对于四季开花的品种来说，指当年第一次开出的花。月季春季开出的花都是头茬花。

一季开花
指一年中只在春季开一次花的开花习性。

忌地
指在同一位置连年种植同种植物时，植株柔弱、生长状况不佳的现象或出现这种现象的土地。

枝变
指植株因突然变异而出现与亲本的生长习性、花形、花色等性状不同的现象。藤本月季中很多是由杂交茶香月季或丰花月季枝变而来的品种。

大苗
在前一年的8—10月芽接、并在次年1—2月切接而成的嫁接植株，养护一年的苗。近年来通常从9月下旬开始到次年3月上市销售。

古老月季
通常指1867年杂交茶香月季系列的第1个品种'法兰西'发布之前已经存在的月季品种。

宝塔形花架
用于牵引藤本植物的花架，通常为木质或铁质的塔形架。

反复开花
春季开过头茬花后到秋季之前坐花方式和周期不定的开花节奏。

花枝
开花的枝条，即花茎。

凉亭
设置在花园等处的小憩空间，通常只有房顶和柱子，没有外墙。

成活
换过土的花苗或扦插枝条、扦插芽、嫁接等的植株再次生根并长出新芽，牢固扎根的生长状态。

丛生
从植株底部发出多根枝条的习性及株型。

冬肥
在植株休眠的冬季施用的缓释性有机肥料。可以在土中逐渐分解，促进根的生长和出芽。

客土
对于土壤不适合植物生长的情况，将旧土去除后换为混入优质土壤的新土，是一种土壤改良方式。

缺绿病
指叶片的白化症状。因缺乏微量元素或温度过高、过低导致叶片无法形成叶绿素而呈黄白色。

5片叶
由5片小叶组成的叶片。

侧枝
在枝条中部发出的长势好的新枝。

四季开花
在新枝上长出花芽，从春季到秋季持续开花的习性。

景观月季
指以养护轻松、耐受性强为目标育成的月季品种。耐寒性、抗病性、耐旱性优秀，对环境适应性强。不同品种的植株大小及四季开花性等差别较大，可以种在家庭花园中，也适于公园及道路隔离带等处种植。

新枝
指新长出的柔软枝条。

主干
从植株底部发出的中心枝干。

灌丛
指玫瑰月季的一种株型。枝条较细，生长一段时间后自然弯曲，呈圆弧状。整体株型优雅，但容易长成比较大的植株。

新梢
指新萌发的柔软枝条。

新苗
在前一年的8—10月芽接，在次年1—2月切接而成嫁接苗，春季开始销售的苗，即春苗。

树状造型
把月季嫁接在一根较长砧木上的造型方法。有各种砧木长度（高度）。这种造型可以使植株底部的光照和通风条件得到保证，还可以搭配种植草花。

修剪
指修剪枝叶的作业。除了整理株型外，还可以通过疏剪过密的枝条来改善植株内部的光照和通风条件。

群生
指植株成群生长的状态。

侧芽
从枝条的侧面发出的芽，通常从叶柄底部发出的较多，即腋芽。

抗病性

指植株不易患病的习性。通常会形容植株抗病性强、抗病性高或有抗病性等。

砧木芽

从砧木发出的芽。一旦发现应及时去除，否则砧木芽会占用养分，影响植株生长。

团粒结构

为细小的土壤粒子聚成团状的状态。因粒与粒之间有适当的间隙，所以透气性、透水性、保水性良好，通常认为这是非常适合植物生长的土壤结构。

顶端优势

指植株顶端的芽生长旺盛并抑制侧芽生长的现象。包括月季在内的大多植物都具有这种性质。

摘心

小心摘除枝条顶端的操作，也包括摘蕾操作。被摘去顶端的枝条有从叶腋（腋芽）发出新枝的特性。

摘蕾

在开花前摘除花蕾的操作。为了让植株强壮或为了只留希望开的花而摘去部分花蕾，使植株开出状态更好的花来。

亮叶

叶面像打过蜡一样有光泽的叶片。

土壤改良

为了让土壤更适合植株生长而进行的操作。通常方法为加入堆肥及腐叶土等有机物以促进土壤团粒化，加入蛭石或珍珠岩以提高土壤排水性。

二茬花

指头茬花开过以后开出的花。

根坨

指带土掘出植株时根系周围的部分，即根系和其周围的土。

藤架

让植物攀爬的遮阴架。

匍匐性

在地面匍匐式横向扩展的生长习性，可以铺盖较大的面积。

上盆

将育苗穴盘或育苗钵中育好的苗种到花盆中的操作。通常指将嫁接苗或扦插苗等塑料营养钵中的新苗等种到花盆中的过程，有时也指将地栽的植株移植到花盆中的过程。

换盆（换土）

指为处在休眠期的盆栽月季换盆换土的操作。换大一圈的花盆并换上新的土。也指在生长期为植株换大一圈的花盆的过程。

帕提欧月季

较大型的微型月季。不仅适合盆栽，且因抗病性强，也很适合地栽。这类中包括一些大花和芳香的品种，颇具魅力。帕提欧原意为中庭。

残花

即将凋谢的花。

pH值

指氢离子的浓度指数，7.0为中性。这个数值大于7.0时为碱性，小于7.0时则为酸性。月季植株对土壤的酸碱性比较敏感，大多品种喜弱酸性土壤。可以用酸碱仪测定土壤及水的酸碱值。

内向枝

朝向植株中心生长的枝条。

盲枝

原本可以开花，但没能正常长出花蕾的新枝。月季枝条经常会因自身原因而没能长出花蕾，所以长出盲枝不一定是生长不佳的征兆。

笋枝

从植株基部发出的长势旺盛的新枝。之后会成为植株的主枝，是重要的开花主力枝条。

芽接苗

将需要繁殖的品种的芽剥离下来嫁接到砧木上的花苗。

现代月季

茶香月季与杂交长青月季杂交育成的，以1867年发表的杂交茶香'法兰西'为第1号其后育成的月季品种即称为现代月季，而此前已有的品种则称为古老月季。

底肥

定植前施在种植坑中的肥料。通常使用腐熟堆肥、油粕、骨粉等缓释型有机肥料。

牵引

将藤枝排布在花格或墙壁等支撑物、构造物上并用绑绳固定的操作。

蔓枝

藤本月季的类型之一。枝条细而柔软，长度可达5～10cm。枝条数量多，一些品种即使朝向下方也可正常生长。

腋芽

相对于枝条顶端的芽（顶芽）而言，指从叶腋发出的侧芽。